作ってわかる！

# アンサンブル学習
## アルゴリズム入門

Ensemble learning
Introduction to Algorithms

Toshiyuki Sakamoto
坂本俊之 著

C&R研究所

## ■権利について

- ●本書に記述されている社名・製品名などは、一般に各社の商標または登録商標です。
- ●本書では™、©、®は割愛しています。

## ■本書の内容について

- ●本書は著者・編集者が実際に操作した結果を慎重に検討し、著述・編集しています。ただし、本書の記述内容に関わる運用結果にまつわるあらゆる損害 ・ 障害につきましては、責任を負いませんのであらかじめご了承ください。
- ●本書についての注意事項などを5ページに記載しております。本書をご利用いただく前に必ずお読みください。
- ●本書は2019年4月現在の情報をもとに記述しています。

## ■サンプルについて

- ●本書で紹介しているサンプルは、C&R研究所のホームページ(http://www.c-r.com)からダウンロードすることができます。ダウンロード方法については、5ページを参照してください。
- ●サンプルデータの動作などについては、著者・編集者が慎重に確認しております。ただし、サンプルデータの運用結果にまつわるあらゆる損害・障害につきましては、責任を負いませんのであらかじめご了承ください。
- ●サンプルデータの著作権は、著者およびC&R研究所が所有します。許可なく配布・販売することは堅く禁止します。

●本書の内容についてのお問い合わせについて

　この度はC&R研究所の書籍をお買いあげいただきましてありがとうございます。本書の内容に関するお問い合わせは、「書名」「該当するページ番号」「返信先」を必ず明記の上、C&R研究所のホームページ(http://www.c-r.com/)の右上の「お問い合わせ」をクリックし、専用フォームからお送りいただくか、FAXまたは郵送で次の宛先までお送りください。お電話でのお問い合わせや本書の内容とは直接的に関係のない事柄に関するご質問にはお答えできませんので、あらかじめご了承ください。

〒950-3122 新潟県新潟市北区西名目所4083-6　株式会社 C&R研究所　編集部
FAX 025-258-2801
『作ってわかる! アンサンブル学習アルゴリズム入門』サポート係

# ▥PROLOGUE

　ここ数年、大規模なデータセットに対して、機械学習アルゴリズムによる分析を行うことが流行しています。それらはもちろん、近年のコンピューターの進歩によってもたらされたのですが、中には、「第四パラダイムとしての科学」や「市民データ・サイエンス」など、科学の歴史における新たな潮流の登場であると扱う向きもあるようです。

　しかし、それは、単純にデータがあればそれですべてOKというほど単純なものではなく、常に適切なアルゴリズムと使用法が必要になります。

　ビッグデータを解析するための機械学習アルゴリズムとしては、ディープラーニング、つまりニューラルネットワークの他にも、ベイズ分類器や決定木、それにそれらを組み合わせた「アンサンブル学習」アルゴリズムなど、さまざまな種類があり、データやその利用シーンに応じて適切なものを選択しなければ、その威力を発揮させることはできません。実際、海外のデータコンペティションにおいてはLightGBMなどのアルゴリズムがよく利用されますが、それは勾配ブースティングアルゴリズムの一種であり、「アンサンブル学習」アルゴリズムの1つです。

　そうした「アンサンブル学習」アルゴリズムは強力な分析力を提供してくれますが、それらを正しく使いこなし、最大限の性能を引き出すためには、アルゴリズムの詳細についての理解が欠かせません。そして、どのようなアルゴリズムについても、その手法を最もよく理解できる学習手段は、そのアルゴリズムを実際に一からプログラミングしてみることなのです。

　そうした「アンサンブル学習」と呼ばれる手法について、最も基礎的な部分から解説し、実際にコードを作成しながらその動作原理を学ぶ、というの本書の目的となります。

　アンサンブル学習とは、複数の機械学習モデルを組み合わせて使用する機械学習アルゴリズム全般を指します。つまり、アンサンブル学習アルゴリズムは、それ単体が1つの手法ではなく、さまざまな種類のアルゴリズムや、手法が含まれている集合アルゴリズムであり、従って実装の際に使われるテクニックなども含めて詳細に紐解いてみると、そこには非常に多くの知見が含まれています。

　そのため、アンサンブル学習アルゴリズムを実装する際には、必然的に多くのアルゴリズムについて学ぶことになります。

　そして本書では、Python言語を使用して、複数のアンサンブル学習アルゴリズムを、完全に一からスクラッチで制作します。数式でアルゴリズムを理解するのではなく、実際に一からプログラムを書き、コードに触れることで得られる知識は、実際のデータ解析における問題解決能力を大きく養ってくれるはずです。これまで機械学習アルゴリズムについて体系的に学ぶ機会のなかった読者や、大学・大学院で情報理論を学び、機械学習アルゴリズムの実際に触れたい読者にとって、本書の内容は最適なものとなるでしょう。

　また、本書の内容は、Python言語の初級～中級者にとって、Numpyパッケージの扱い方やオブジェクト指向における継承を学ぶための良い教科書ともなるでしょう。

### 本書のレベル感

本書で紹介するアンサンブル学習のアルゴリズムは、概ね情報処理学科の大学生〜大学院生が学ぶ内容に相当すると思われます。そのため、多くの章は概ね大学生・大学受験レベルの数学の知識があることを前提に書かれています。

しかし、数学的側面についての理解を求めないのであれば、数式で解説している箇所は読み飛ばして、プログラムのコードのみを読み進めてもらって構いません。

また、本書ではPythonを使用してプログラムを作成するので、読者にPython言語の基礎的な知識があることを前提にしています。本書のプログラミングレベル的には、おそらくPython言語の初級者でも問題なく読み進めることができるでしょう。しかし、本書はプログラミング上のテクニックについて紹介する本ではないので、ある程度はPython言語に対する知識を必要とします。特に、オブジェクト指向における継承の概念と、数値計算パッケージのNumpyに対する知識があれば、本書を読み解く上で大きな助けになるでしょう。

### 本書で扱う内容

本書では、Pythonによる実際のプログラミングを通じて、決定木とアンサンブル学習によるクラス分類および回帰を行う機械学習アルゴリズムを作成します。機械学習アルゴリズムについては、数値計算こそNumpyを使用しますが、アルゴリズムの部分については最も基礎的な箇所から始めて、すべてスクラッチでコーディングします。

そのように、実際に動作するプログラムを作成することで、コードの動作をステップ毎に理解することが本書の目的となります。それらのアルゴリズムは、Scikit-learnなどのパッケージに含まれている機能と重複していますが、本書ではScikit-learnなどのパッケージによる機械学習は、評価対象としてのベースラインを作成する箇所以外では使用しません。

本書で使用するPythonパッケージは、機械学習アルゴリズムの部分については基本的に数値計算を行うためのNumpyのみとなります。また、学習データの読み込みにPandasを使用する他、データの評価をスコアとして計算するために、Scikit-learnの関数をいくつか使用します。

アンサンブル学習のアルゴリズムそれ自体にも、さまざまな種類が存在しますが、本書ではバギングではランダムフォレストを、ブースティングではAdaBoost、改良AdaBoost、勾配ブースティングをという風に、基本的なアルゴリズムから派生する、実用的なアルゴリズムの実装を紹介します。また、最後のCHAPTER 10ではモデル選択法やモデル平均法といった、アンサンブル学習アルゴリズムをさらにアンサンブルする手法を紹介しています。

本書ではCatBoostやLightGBMなどの特定のアルゴリズムについて、その使い方を個別に解説はしませんが、CHAPTER 09で紹介する勾配ブースティングにおいて、それらのアルゴリズムで使用されているメタパラメーターが、どのような役割を果たしているかを見ることができます。

2019年4月

坂本俊之

# 本書について

## 本書の動作環境について

本書では、下記の環境で執筆および動作確認を行っています。

- Python 3.7.0
- Ubuntu 18.04 LTS ／ Windows 10 ／ macOS High Sierra

## サンプルコードの中の▼について

本書に記載したサンプルコードは、誌面の都合上、1つのサンプルコードがページをまたがって記載されていることがあります。その場合は▼の記号で、1つのコードであることを表しています。

## サンプルファイルのダウンロードについて

本書で紹介しているサンプルデータは、C&R研究所のホームページからダウンロードすることができます。本書のサンプルを入手するには、次のように操作します。

❶ 「http://www.c-r.com/」にアクセスします。

❷ トップページ左上の「商品検索」欄に「280-8」と入力し、[検索]ボタンをクリックします。

❸ 検索結果が表示されるので、本書の書名のリンクをクリックします。

❹ 書籍詳細ページが表示されるので、[サンプルデータダウンロード]ボタンをクリックします。

❺ 下記の「ユーザー名」と「パスワード」を入力し、ダウンロードページにアクセスします。

❻ 「サンプルデータ」のリンク先のファイルをダウンロードし、保存します。

サンプルのダウンロードに必要な
ユーザー名とパスワード

| ユーザー名 | ensem |
| パスワード | 7ge9a |

※ユーザー名・パスワードは、半角英数字で入力してください。また、「J」と「j」や「K」と「k」などの大文字と小文字の違いもありますので、よく確認して入力してください。

## サンプルファイルの利用方法について

サンプルはZIP形式で圧縮してありますので、解凍してお使いください。

# CONTENTS

## ■CHAPTER 01

# アンサンブル学習の基礎知識

- □□1 アンサンブル学習とは ……………………………………………… 12
  - ▶機械学習アルゴリズムの種類 …………………………………………12
  - ▶アンサンブル学習とは …………………………………………………14
- □□2 機械学習プログラミングの基礎知識 ……………………………… 17
  - ▶教師あり学習の基礎知識 ………………………………………………17
  - ▶機械学習アルゴリズムの性能 …………………………………………19
- □□3 アルゴリズムの検証 ………………………………………………… 24
  - ▶作成するアルゴリズムの検証方法………………………………………24

## ■CHAPTER 02

# 機械学習プログラミングの準備

- □□4 機械学習プログラミングの準備 …………………………………… 34
  - ▶Python環境の構築 ……………………………………………………34
  - ▶テキストエディターのインストール …………………………………36
- □□5 共通コードの作成 …………………………………………………… 38
  - ▶本書で共通して使用するデータ形式 …………………………………38
  - ▶共通コードを作成する…………………………………………………39
  - ▶評価用のコードを作成する……………………………………………41
- □□6 ベンチマークの作成 ………………………………………………… 47
  - ▶Scikit-learnによるベンチマークの作成 ……………………………47

## ■CHAPTER 03

# 線形回帰と確率的勾配降下法

- □□7 ひな形モデルの作成………………………………………………… 56
  - ▶ZeroRuleを実装する…………………………………………………56
  - ▶ZeroRuleを評価する…………………………………………………58
- □□8 線形回帰と勾配降下法 ……………………………………………… 61
  - ▶線形回帰 ………………………………………………………………61
  - ▶勾配降下法 ……………………………………………………………62

CONTENTS

□□9 線形回帰モデルの実装 ……………………………………… 68
 ▶線形回帰モデルの作成 ……………………………………… 68
 ▶学習と実行アルゴリズムの実装 ……………………………… 70
 ▶線形回帰モデルの評価 ……………………………………… 72

## ■CHAPTER 04
# 決定木アルゴリズム

□1□ 決定木アルゴリズム …………………………………… 80
 ▶決定木アルゴリズムとは ……………………………………… 80
 ▶Metrics関数 ………………………………………………… 83
□11 DecisionStumpの実装 ……………………………… 88
 ▶DecisionStumpとは ………………………………………… 88
 ▶木分割の実装 ………………………………………………… 88
 ▶学習と実行アルゴリズムの実装 ……………………………… 90
 ▶DecisionStumpの評価 ……………………………………… 92
□12 決定木アルゴリズムの実装 …………………………… 98
 ▶再帰による学習の実装 ……………………………………… 98
 ▶決定木アルゴリズムの種類 ………………………………… 98
 ▶分割の高速化 ……………………………………………… 100
 ▶決定木アルゴリズムの評価 ………………………………… 102

## ■CHAPTER 05
# プルーニング

□13 プルーニング …………………………………………… 110
 ▶決定木の枝刈り ……………………………………………… 110
 ▶プルーニングの実装 ………………………………………… 113
□14 Critical Value ………………………………………… 116
 ▶Critical Valueによるプルーニング ……………………… 116
 ▶Critical Valueの実装 ……………………………………… 117
□15 プルーニング用の決定木 ……………………………… 119
 ▶プルーニング用の決定木 …………………………………… 119
 ▶決定木の実行 ……………………………………………… 122

7

CONTENTS

## ■ CHAPTER 06

# バギング

□16 決定木のバギング ……………………………………………… 132
  ▶バギングの概要 ……………………………………………… 132
  ▶バギングの実装 ……………………………………………… 134
□17 ランダムフォレスト ……………………………………………… 140
  ▶ランダムフォレストの概要 ……………………………………… 140
  ▶ランダムフォレストの実装 ……………………………………… 140
  ▶ランダムフォレストの実行 ……………………………………… 142

## ■ CHAPTER 07

# AdaBoost

□18 重み付きクラス分類 ……………………………………………… 148
  ▶重み付きモデルとは ……………………………………………… 148
  ▶葉と分割の実装 ……………………………………………… 149
  ▶重み付き決定木の実装 …………………………………………… 151
□19 ブースティング ……………………………………………… 158
  ▶ブースティングの基本 …………………………………………… 158
  ▶AdaBoostのアイデア …………………………………………… 160
  ▶AdaBoostアルゴリズム …………………………………………… 161
□20 AdaBoostの実装 ……………………………………………… 166
  ▶AdaBoostの実装 ……………………………………………… 166
  ▶AdaBoostの実行 ……………………………………………… 169

## ■ CHAPTER 08

# 改良AdaBoost

□21 AdaBoost.M1 ……………………………………………… 174
  ▶多クラス分類を行う …………………………………………… 174
  ▶AdaBoost.M1の実装 …………………………………………… 175
  ▶AdaBoost.M1の実行 …………………………………………… 178
□22 AdaBoost.RT ……………………………………………… 181
  ▶回帰におけるAdaBoost …………………………………………… 181
  ▶AdaBoost.RTの実装 …………………………………………… 181

CONTENTS

023 AdaBoost.R2 ································································· 188
▶ AdaBoost.R2のアルゴリズム ············································ 188
▶ AdaBoost.R2の実装 ····················································· 192

# ■ CHAPTER 09
# 勾配ブースティング

024 勾配ブースティング ················································· 200
▶ 勾配ブースティングとは ················································ 200
▶ 勾配ブースティングの実装 ·············································· 201

025 勾配ブースティングの改良 ········································· 208
▶ 改良のアイデア ·························································· 208
▶ 決定木の実装 ···························································· 209
▶ 改良勾配ブースティングの実装 ·········································· 211

# ■ CHAPTER 10
# その他のアンサンブル手法

026 モデル選択法 ······················································· 222
▶ バケットモデル ·························································· 222
▶ ゲーティング ···························································· 225
▶ 情報量規準による選択 ·················································· 227

027 モデル平均法 ······················································· 237
▶ スタッキング ···························································· 237
▶ NFold平均 ······························································ 238
▶ Smoothed-BIC ·························································· 240

● 索引 ································································· 246

9

# CHAPTER 01
## アンサンブル学習の基礎知識

## SECTION-001

# アンサンブル学習とは

### ● 機械学習アルゴリズムの種類

近年のAIブームによって、これまでになく機械学習という手法によるデータ解析が注目を集めています。そのため、機械学習アルゴリズムについての知識があるエンジニアが求められるのですが、機械学習と一口に言っても、そこにはさまざまな手法が含まれており、必ずしも単一のアルゴリズムのみを知っていればそれでよいということにはなりません。

**アンサンブル学習**とは、複数の機械学習モデルを組み合わせて使用するタイプの機械学習アルゴリズムのことです。そのため、アンサンブル学習アルゴリズムの中身を学ぶことは、さまざまな機械学習アルゴリズムを学ぶことでもあります。

本書の目的は、アンサンブル学習アルゴリズムを一から作成していくことで、さまざまな種類のアルゴリズムに触れ、その動作原理を学ぶこととなります。

### ◆ 学習データによるアルゴリズムの分類

さて、一口に機械学習といっても、その中にはさまざまなアルゴリズムが含まれています。本書ではその中でも、教師あり学習における、クラス分類と回帰という分野を扱うのですが、機械学習全般の中での立ち位置を知るためにも、一般的な機械学習の種類について簡単に触れておきましょう。

一般的な機械学習のアルゴリズムは、主に教師あり学習、教師なし学習、強化学習といった種類に分類することができます。

機械学習は文字通り、データを学習させることで目的となる機能を実現するので、どの手法を用いても、アルゴリズムに学習させるために何らかのデータが必要になります。

教師あり学習というのは、データに対して正解となるラベルが存在する場合の手法であり、説明変数から目的変数を求める問題を解くアルゴリズムとなります。古典的な回帰分析の手法である最小二乗法なども、アルゴリズムの面から見れば教師あり学習の一種とすることもできます。

一方の教師なし学習とは、データは存在するものの正解となるラベルは存在しない状態から、データを説明するモデルを作成するアルゴリズムです。主にデータマイニングの分野ではアウトライア検出と呼ばれますが、データの中に存在する異常値を検出するためのアルゴリズムや、データをいくつかのグループに分類するクラスタリングなどが、教師なし学習の手法として挙げられます。

そして強化学習は、一定の環境下における行動をモデル化することで、最も望ましい行動を発見するためのアルゴリズムです。強化学習においては、エージェントに対して設定する環境モデルや、行動に対する報酬の設定が、機械学習アルゴリズムに学習させるデータに相当することとなります。

■ SECTION-001 ■ アンサンブル学習とは

●機械学習アルゴリズムの分類

- 教師あり学習
  - クラス分類
  - 回帰

- 教師なし学習
  - クラスタリング
  - アウトライア検出(異常検出)

- 強化学習
  - マルコフ決定プロセス
  - 遺伝的アルゴリズム

　アンサンブル学習そのものは、教師あり学習・教師なし学習・強化学習のいずれに対しても適用することができますが、本書で扱うものとしては、教師あり学習におけるクラス分類(データを複数の決まったカテゴリーに分類する問題)と、回帰(データから値を予測する問題)を取り上げます。

　教師あり学習は、過去の事例から将来の動向を予測したり、効率的な計画を策定するオペレーションズリサーチなどにおいて、成果を予測するモデルとして使用されたりと、直接的な応用分野が広い手法です。

#### ◆ 使用モデルによるアルゴリズムの分類

　その他、機械学習で使用するモデルによってアルゴリズムを分類することもできます。機械学習で使用される代表的なモデルには、ニューラルネットワークやサポートベクターマシンなどがあり、それらはすべてのデータを1つのモデルに学習させる機械学習アルゴリズムです。

　一方、決定木アルゴリズムは基本的にはデータの分割を行うアルゴリズムであり、分割後のデータをどのように学習させるか(葉の学習)は別の問題となります。そのため、決定木アルゴリズムにおいては、決定木の葉の部分に、決定木以外の機械学習アルゴリズムを使用する事ができます。決定木アルゴリズムにおける葉の部分については、通常は単なる多数決や平均値など単純なものが使用されますが、本書においては確率値の平均と線形回帰を使用します。

　そしてアンサンブル学習アルゴリズムは、決定木も含めてさまざまな機械学習アルゴリズムをベースとして利用できる手法です。一般的なアンサンブル学習アルゴリズムでは、通常。決定木をベースとして使用しますが、CHAPTER 10で紹介するベイジアン情報量によるモデル選択は、もともとは線形回帰モデルを前提に作成された手法です。

　本書で取り扱うアンサンブル学習については、ベースとなるアルゴリズムとして、基本的に決定木アルゴリズムを使用します。

13

■ SECTION-001 ■ アンサンブル学習とは

●機械学習モデルの種類

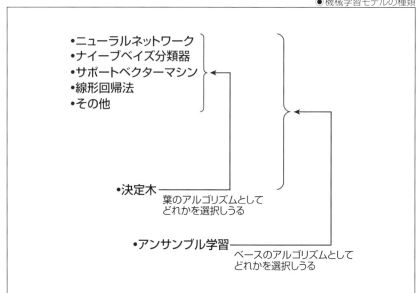

### ▶ アンサンブル学習とは

このように、アンサンブル学習とは単体のアルゴリズムを指す名称ではなく、いくつかの種類のアルゴリズムを含む、機械学習アルゴリズムの1つの分類です。

アンサンブル学習では、ベースとなる機械学習アルゴリズムのモデルを複数作成して、それらの出力する結果を組み合わせることで、最終的な結果とします。ベースとなる機械学習アルゴリズムのモデルそれ自体は、通常は1種類のアルゴリズムによるモデル使用しますが、CHAPTER 10でで紹介する手法では、異なるアルゴリズムによる複数のモデルを学習させて、最終的な結果を求めます。

### ◆ アンサンブル学習の系譜

アンサンブル学習の中にもいくつかの種類があり、基本的な手法として、**バギング**、**ブースティング**、**スタッキング**などの手法が知られています。さらに、ブースティングとして分類されるアルゴリズムの中にも、AdaBoost系のアルゴリズム、勾配ブースト系のアルゴリズムなどと複数の種類があります。

■ SECTION-001 ■ アンサンブル学習とは

◉ アンサンブル学習アルゴリズムの種類

- **バギング**
  学習データの入力を組み合わせ

- **ブースティング**
  出力から学習をフィードバック

→ **これらの組み合わせ**
  モデル選択法、モデル平均法

それらのアルゴリズムの詳細は、たとえばAdaBoost系のアルゴリズムとしてはAdaBoost.
M1やAdaBoost.R2などといったように細かなバリエーションの名前が付けられていたりし
ますが、Scikit-leanなど、実際にそうしたアルゴリズムを実装しているパッケージでは、単に
AdaBoostアルゴリズムとして説明されることが普通です。

アンサンブル学習アルゴリズムの種類といってもいろいろな階層があり、バギングやブース
ティングといった大枠としての種類の中に、AdaBoostや**勾配ブースティング**といったアルゴリ
ズムの大きな種類があり、さらに個別の名称としてAdaBoost.M1や**ランダムフォレスト**といっ
たアルゴリズムの名前があります。

実際には、同じアルゴリズムであっても、利用するパッケージごとにアルゴリズムの細かい実装
が異なっていたりもして、使用するライブラリごとに別々の実装が存在すると言っても過言ではあ
りません。さらに勾配ブースティングの派生アルゴリズムでは、CatBoostやLightGBMといったライ
ブラリの名前がその実装におけるアルゴリズムの名前として扱われる場合もあります。

◉ アンサンブル学習アルゴリズムの種類

- **バギンクを使用するもの**
  RandomForest

- **ブースティングを使用するもの**
  AdaBoost(オリジナル)　　　　　勾配ブースティング
  └─改良AdaBoost　　　　　　　└─改良勾配ブースティング
  　　AdaBoost.M2　　　　　　　　　XGBoost
  　　AdaBoost.R2　　　　　　　　　LightGBM
  　　AdaBoost.RT　　　　　　　　　…など
  　　…など

■ SECTION-001 ■ アンサンブル学習とは

◆ 本書で紹介するアルゴリズム

　本書では一から機械学習アルゴリズムを実装しますが、その前に共通して使用するコードと、機械学習アルゴリズムの評価に使用するベンチマークを作成する必要があります。本書のCHAPTER 02では、まずその共通コードの作成を行います。また、ベンチマーク用に、いくつかの機械学習アルゴリズムを外部パッケージを利用して実行し、評価スコアを作成します。

　アンサンブル学習のアルゴリズムでは、一般的には決定木アルゴリズムをベースのアルゴリズムとして使用するので、本書でも基本的に決定木アルゴリズムをベースとして採用します。

　しかし、決定木アルゴリズムを実装するためには、まずは葉となるアルゴリズムを実装しなければならないため、本書ではCHAPTER 03で葉となるアルゴリズムを実装し、CHAPTER 04で決定木アルゴリズムの実装を紹介します。また、CHAPTER 05では決定木アルゴリズムに対する枝刈りのテクニックを紹介します。

　そのためアンサンブル学習それ自体については、CHAPTER 06以降から紹介することになります。

●アンサンブル学習アルゴリズムの種類

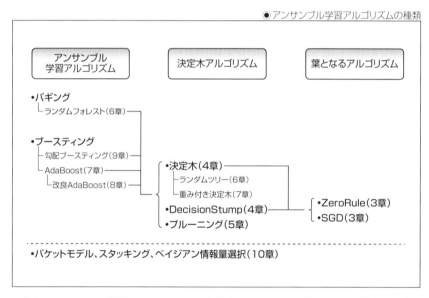

　なお、アンサンブル学習のベースとしては決定木アルゴリズムが最も一般的に使用されますが、ニューラルネットワークなどのアルゴリズムに対してアンサンブル学習のアルゴリズムを使用することもあります[1-1][1-2]。

　そのように、決定木アルゴリズムとは別のアルゴリズムを使用してアンサンブル学習を行う場合は、本書のCHAPTER 02からCHAPTER 05は読み飛ばして、CHAPTER 06から読み進めても構いません。

---

[1-1] Z.-H. Zhou, J .Wu, and W. Tang. Ensembling neural networks: many could be better than all. Artificial Intelligence, 137(1-2):239-263, 2002.
https://cs.nju.edu.cn/zhouzh/zhouzh.files/publication/aij02.pdf

[1-2] H. Schwenk and Y. Bengio. AdaBoosting Neural Networks: Application to on-line Character Recognition. Artificial Neural Networks (ICANN '97), 967-972, 1997.
http://citeseerx.ist.psu.edu/viewdoc/download?doi=10.1.1.20.7205&rep=rep1&type=pdf

## SECTION-002

# 機械学習プログラミングの基礎知識

### ◉ 教師あり学習の基礎知識

　本書で扱う内容について大まかに理解したところで、実際に機械学習プログラミングを行うために必要となる基礎的な知識について紹介しておくことにします。

　ただし、本書では、アルゴリズムの数学的な詳細については最低限しか扱わないため、ここで紹介する内容も、機械学習に対する一般的な知識に留まります。また、特定のアルゴリズムで必要となる知識については、それぞれのアルゴリズムを紹介する章において、個別に紹介します。

### ◆ 説明変数と目的変数

　教師あり学習で使用するデータは、1つの事柄についてのいろいろな情報と、その事柄についての求めたい情報からなります。たとえば、ある小売店の、「時間帯ごとの」「売上」を求めたい場合。作成するモデルは、「時間帯」を入力すれば「売上」の予想が返される関数の形をしているはずです。このとき、「時間帯」に当たるのが、その事柄についての情報で、「売上」に当たるのが、その事柄についての求めたい情報となります。

　**説明変数**とは、機械学習モデルの状態を構築するための変数で、ここでは「時間帯」が説明変数に当たります。一方の**目的変数**とは、機械学習モデルの状態から求められる変数で、ここでは「売上」が目的変数に当たります。

　言い換えると説明変数はモデルへの入力、目的変数はモデルからの出力であり、教師あり学習で作成するモデルは、説明変数から目的変数を求める問題を解くアルゴリズムとなります。

### ◆ クラス分類と回帰

　本書で紹介する教師あり学習は、あらかじめ学習させるデータに対して正解となるラベルを用意することになりますが、そのラベルの種類によって、クラス分類と回帰という2つの種類に分けられます。

　クラス分類は、正解となるラベルが離散的なデータであり、それぞれのラベルの種類を予測する問題を扱います。クラス分類では、ラベルを「その種類に属する確率」として扱うことで、離散的ではなく連続的なデータとして問題を扱うこともできますが、あくまで正解となるラベルは離散値であり、連続性はありません。つまり、ラベルを数値化する順序が変化しても、学習モデル的には違いがありません。たとえば、学習させるデータと正解が、A→1、C→2、E→3だったとして、Bというデータが、(学習させたデータである)A、C、Eのどのグループに属するかを返すアルゴリズムがクラス分類ということになります。この場合、アルゴリズムの返す値は1、2、3のいずれかですが、A、C、Eをどの数字にマッピングさせるかは、アルゴリズムにとって関係がありません。

■ SECTION-002 ■ 機械学習プログラミングの基礎知識

　一方の回帰では、正解となるラベルは連続的な値であり、アルゴリズムはその値を求めるものとなります。回帰においては値を予測するため、正解となるデータの正規化が重要となることがあります。また、連続的な値を予測するモデルを作成するので、アルゴリズムの出力する値は、必ずしも学習データに含まれているものだけではありません。たとえば、学習させるデータと正解が、A→1、C→2、E→3だったとして、Bというデータに対して(学習させていない値である)1.5という値が返される場合もあります。

●クラス分類と回帰

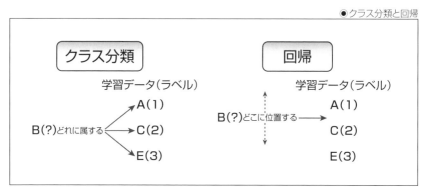

◆ 過学習とは

　たとえば、二次元上の座標を、2つのクラスへと分類するクラス分類アルゴリズムについて考えてみます。説明変数の値を二次元上の座標へとプロットし、それぞれのデータのクラスを「○」と「★」で表した図を、下図とします。

●クラス分類するデータ

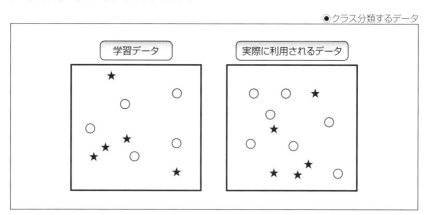

　ここで、作成するモデルは、二次元上の座標をどのように分類するかというアルゴリズムなので、分類の境界線を引いてモデルを可視化することができます。
　ただし、教師あり学習においては、学習させるデータと実際に使用されるデータは通常、別のものです。なぜなら、学習させるデータには正解となるラベルが必要なのですが、実際に使用される際には正解となるラベルは存在せず、したがってそのラベルを予測するために機械学習アルゴリズムが使用されるためです。

■SECTION-002■ 機械学習プログラミングの基礎知識

　下図は、すべてのデータを正しく分類できるように学習させた場合のモデルの例を表しています。図の中の線が、二次元上の座標を分類する境界を表しており、線の上側であれば「○」下側であれば「★」と予測するモデルが作成された、ということを表しています。

● 汎化誤差

| 学習データ | 実際に利用されるデータ |
|---|---|
| ○を○と分類した=5/5=100% | ○を○と分類した=4/7=57% |
| ○を★と分類した=0/5=0% | ○を★と分類した=3/7=43% |
| ★を★と分類した=5/5=100% | ★を★と分類した=2/5=40% |
| ★を○と分類した=0/5=0% | ★を○と分類した=3/5=60% |

　上図からは、作成したモデルは学習データに対しては完全に正しい結果を返していますが、実際に使われるデータの側では、必ずしも正しい結果を返していないことがわかります。

　このように、学習データではないデータに対して生まれる誤差のことを、「**汎化誤差**」と呼びます。また、学習データに対してモデルが適応しすぎると、逆に汎化誤差が大きくなる現象を、「**過学習**」と呼びます。

　機械学習アルゴリズムでは、学習データに対して正しい結果を返すことよりも、この汎化誤差をいかに少なくするか、という点に焦点が当てられます。

### ● 機械学習アルゴリズムの性能

　本書では複数の機械学習アルゴリズムを実装しますが、それらのアルゴリズムを比較するためには、アルゴリズムの性能を数値として評価できなければなりません。機械学習アルゴリズムの評価においては、学習させるデータとアルゴリズムを評価するためのデータは別に用意する必要があります。

　これは、汎化誤差の問題と、実際に使われるデータは学習データとは異なるものなので、学習させるデータに対する性能のみを見ても、アルゴリズムの実際の性能はわからないためです。

19

## ◆ 機械学習アルゴリズムの性能評価

機械学習アルゴリズムの性能を数値として評価するためには、統計学的な手法が用いられます。

たとえば、先ほど過学習の説明で使用した、二次元上の座標を「○」と「★」の2つのクラスへと分類するクラス分類アルゴリズムについて考えてみます。

作成するモデルは、平面を分割する線で表すことができますが、ここでは一例として単純な直線で平面を分割するモデルを考えてみましょう。下の2つの図では、直線の上側が「○」と分類されるモデルを表しています。

●分類モデル1

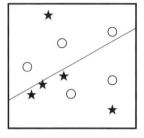
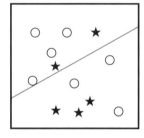

●分類モデル2

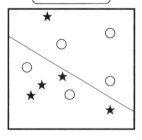
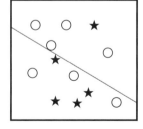

■ SECTION-002 ■ 機械学習プログラミングの基礎知識

　分類モデル1と2では、両方とも学習データに対して60%の「○」を正しく「○」と判断して、80%の「★」を正しく「★」と判断しています。

　しかし、実際に使われるデータは学習データとは異なるものなので、実際に使われるデータに対して分類モデル1では60%の「★」を正しく「★」と判断した一方、分類モデル2では80%の「★」を正しく「★」と判断しています。

　このことから、分類モデル1より分類モデル2の方が優れているモデルである、とすることができます。

　また、先ほどの過学習が起きているモデルよりも、こちらの単純な直線によるモデルの方が、汎化誤差が少ないこともわかります。このように汎化誤差の問題があるため、機械学習アルゴリズムは複雑なモデルであるほど性能が良いとは限りません。機械学習アルゴリズムの性能を評価する際にはその点についての注意が必要です。

◆ クラス分類における評価スコア

　さて、先ほどの例からもわかるとおり、「○」と「★」を分類するクラス分類アルゴリズムの性能を評価する場合、次の4つの数字が考えられます。

　**１** 正しく○を○と分類した割合

　**２** 誤って○を★と分類した割合

　**３** 正しく★を★と分類した割合

　**４** 誤って★を○と分類した割合

　この場合、**１**と**３**の割合は大きい方がよく、**２**と**４**の割合は小さい方がよいのですが、クラスに属するデータの個数（実際に利用されるデータの側なら「○」は7個、「★」は5個）が異なっていることも考慮しなければなりません。

　そこで一般的には、それらの要素を考慮して作成されたスコアを用いて、アルゴリズムの性能を評価することになります。クラス分類アルゴリズムを評価するためのスコアには次のようにいくつかの種類があります。

● Accuracy（正解率）：「○」や「★」と判断したデータのうち、実際にそうであるものの割合

● Precision（適合率）：「○」または「★」と予測したデータのうち、実際にそうであるものの割合

● Recall（再現率）：「○」または「★」のうち、そうであると予測されたものの割合

● F1スコア：PrecisionとRecallの調和平均

　ここで、Accuracyについては、**１**と**３**の平均値を取ればよいのですが、クラスに属するデータの個数を考慮して重み付き平均を取ることもあります。そして、PrecisionとRecallについては、片方がよくなるようにモデルを作成するともう片方が悪くなるという特徴があり、モデルの総合的な評価を行う場合には、それらの調和平均であるF1スコアを使うことが一般的です。

　また、Precision、Recall、F1スコアについては、クラスの数だけ作成されることになりますが、通常はすべてのクラスに対するスコアの、平均又は重み付き平均をモデルに対する最終的なスコアとします。

21

たとえば分類モデル1の実際に利用されるデータの側については、次のように計算することができます。

```
Accuracy = 1と3の重み付き平均 = (0.57 * 7 + 0.6 * 5) / (7 + 5) = 0.5825
「○」のPrecision = 上側の「○」の数 / 上側のデータ数 = 4 / 6 = 0.67
「○」のRecall = 上側の「○」の数 / 「○」の数 = 4 / 7 = 0.57
「○」のF1スコア = 2 * Precision * Recall / ( Precision + Recall ) = 0.55
「★」のPrecision = 下側の「★」の数 / 下側のデータ数 = 3 / 6 = 0.5
「★」のRecall = 下側の「★」の数 / 「★」の数 = 3 / 5 = 0.6
「★」のF1スコア = 2 * Precision * Recall / ( Precision + Recall ) = 0.62
F1スコア = 「○」と「★」のF1スコアの重み付き平均 = (0.55 * 7 + 0.62 * 5) / (7 + 5) = 0.58
```

同様に計算すると、分類モデル2の実際に利用されるデータについてはF1スコアは0.67となるので、スコアの上からも分類モデル1より分類モデル2の方が優れているモデルである、とすることができます。

◆ 回帰における評価スコア

ここまで紹介してきた評価スコアは、クラス分類アルゴリズムに対する性能を評価するためのものでした。

一方、値そのものを予測する回帰アルゴリズムにおいては、評価スコアの計算はもう少し簡単になります。つまり、回帰では目的変数は連続的な値となるので、モデルの出力する値と正解となる値を比較してその差分を取れば、モデルの性能を得ることができます。

●回帰における誤差

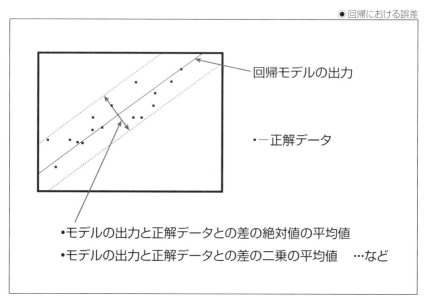

ただし、単純にモデルの出力から正解値を引き算すると、符号がプラスとマイナス両方含まれてしまうので、差分の絶対値を取るなど工夫する必要があります。

回帰においてスコアとして利用される値には、差分の絶対値の平均値（Mean Absolute Error）、差分の二乗平均値（Mean Squared Error）、差分の対数二乗平均値（Mean Squared Log Error）などがあり、それらのうちどれを使用するかは、目的変数となる値の分布によって決定する必要があります。

また、回帰アルゴリズムの評価でよく使用されるR2スコアは決定係数とも呼ばれ、差分の二乗和の、標本値の平均からの差の二乗和からの割合となります。

差分の絶対値の平均値などのスコアは、正解値となる値の大きさによって異なることになり、たとえば0から0.1までの範囲の値を予測するモデルと、1000から100000までの範囲の値を予測するモデルを直接比較することはできません。

その一方でR2スコアは常に0から1までの値をとり、1に近いほど良い値となるスコアなので、モデル同士の比較に適しています。

# SECTION-003
# アルゴリズムの検証

## ● 作成するアルゴリズムの検証方法

　前述のように、機械学習アルゴリズムの評価を行う場合、評価スコアにもいくつかの種類があり、常に1つの値のみを見てどのアルゴリズムが優れているかと判断することはできません。また、評価に使用するデータセットについても、1つのデータセットに対してよいアルゴリズムであったとしても、別のデータセットに対して同様の結果をもたらすとは限りません。

　そのため、一般的なアルゴリズムの性能を評価するのであれば、異なる種類のデータセットを用意して、それらに対する複数の評価スコアを取り、総合的な判断を行う必要があります。

### ◆ 交差検証

　機械学習アルゴリズムの評価では、学習データに対してだけではなく、学習させていない評価用データに対してのスコアを計算する必要もあります。その場合、学習用のデータと評価用のデータは、本質的には同じものなので、1つのデータセットを学習用のデータと評価用のデータとに分割して、学習用データで構築した機械学習モデルの性能を、評価用データで検証することになります。

　この際に利用されるのが、**交差検証**というテクニックで、データをランダムにN個のブロックへ分割した上で、それぞれのブロックを、学習データと評価用データに分けて評価を行います。その場合、評価スコアは当然ブロックの数だけ作成されるので、最終的にはそれらの平均値をアルゴリズムの評価に使用します。

● 交差検証

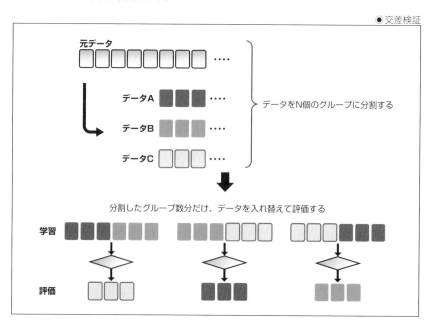

◆ 検証用データセットの入手

本書では複数の機械学習アルゴリズムを作成するので、一般的に利用できる検証用のデータセットを入手して、本書で共通して使用することにします。

ここでは、カリフォルニア大学アーバイン校（UCI）が公開している機械学習アルゴリズムの評価用データセットからいくつかをダウンロードして検証用のデータセットとします。

利用するデータセットは、クラス分類アルゴリズムの評価用として「Iris」「Connectionist Bench」「Glass」を、回帰アルゴリズムの評価用として「Airfoil Self-Noise」「Wine Quality」を使用します。

「Iris」データセットは、アヤメの花のがく片と花びらの大きさから、アヤメの品種を推定するデータセットで、下記のURLからからダウンロードすることができます。

　　URL　https://archive.ics.uci.edu/ml/datasets/iris

上記のURLを開くと、下図の画面が開くので、「Data Folder」をクリックし、「iris.data」というファイルをダウンロードしてください。

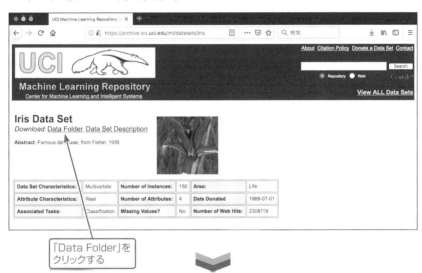

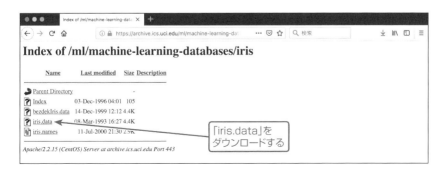

■ SECTION-003 ■ アルゴリズムの検証

「Connectionist Bench」データセットは、ソーナー信号の反射波のデータについて、金属からの反射か岩からの反射かを推定するデータセットで、下記のURLからダウンロードすることができます。

URL https://archive.ics.uci.edu/ml/datasets/
Connectionist+Bench+(Sonar%2C+Mines+vs.+Rocks)

上記のURLを開くと、下図の画面が開くので、「Data Folder」をクリックし、「sonar.all-data」というファイルをダウンロードしてください。

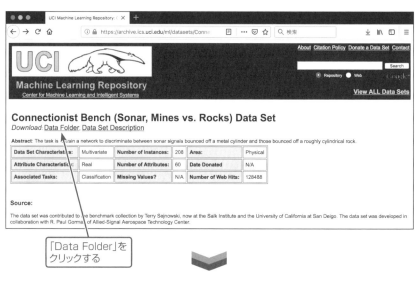

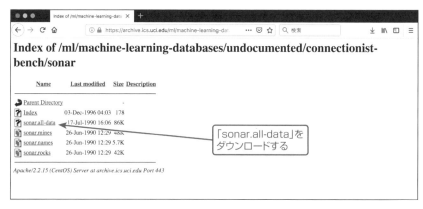

「Glass」データセットは、ガラスに含まれる酸化物の含有量から、ガラスの種類（窓ガラスや食器など）を推定するデータセットで、下記のURLからダウンロードすることができます。

URL https://archive.ics.uci.edu/ml/datasets/glass+identification

上記のURLを開くと、下図の画面が開くので、「Data Folder」をクリックし、「glass.data」というファイルをダウンロードしてください。

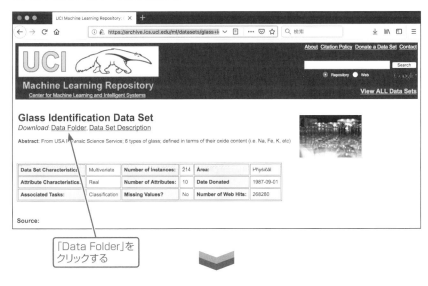

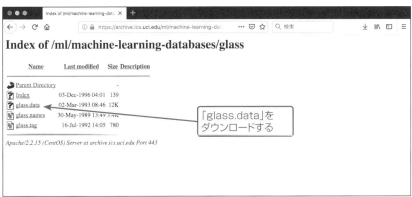

■ SECTION-003 ■ アルゴリズムの検証

「Airfoil Self-Noise」データセットは、さまざまな形の翼の風洞実験において、翼の形から発生したノイズの大きさを推定するデータセットで、下記のURLからダウンロードすることができます。

**URL** https://archive.ics.uci.edu/ml/datasets/Airfoil+Self-Noise

上記のURLを開くと、下図の画面が開くので、「Data Folder」をクリックし、「airfoil_self_noise.dat」というファイルをダウンロードしてください。

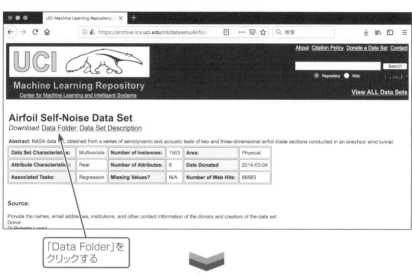

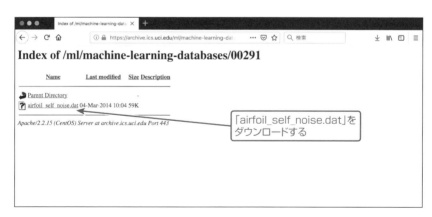

「Wine Quality」データセットは、さまざまなワインについて、化学分析による成分の割合から、ソムリエが判断したワインの品質を推定するデータセットで、赤ワインと白ワインの2つのデータセットが含まれています。「Wine Quality」データセットは、下記のURLからダウンロードすることができます。

　URL　https://archive.ics.uci.edu/ml/datasets/Wine+Quality

　上記のURLを開くと、下図の画面が開くので、「Data Folder」をクリックし、「winequality-red.csv」と「winequality-white.csv」というファイルをダウンロードしてください。

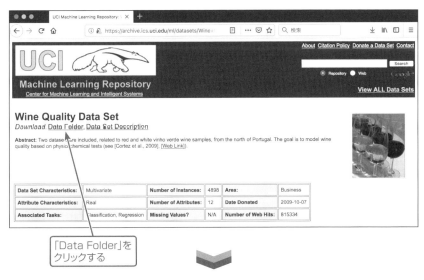

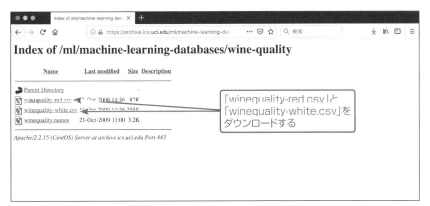

　以上で、クラス分類用に3個、回帰用に3個、合計6個の検証用データセットが保存されました。本書ではこのデータセットを使用して、紹介するアルゴリズムの評価を行います。

■ SECTION-003 ■ アルゴリズムの検証

◆ 検証用データセットのファイル形式

　ダウンロードしたデータセットは、すべてテキストファイルですが、そこに保存されているデータの形式が少しずつ異なるので、その内容をチェックしておきます。

```
$ head -n3 iris.data
5.1,3.5,1.4,0.2,Iris-setosa
4.9,3.0,1.4,0.2,Iris-setosa
4.7,3.2,1.3,0.2,Iris-setosa
```

　「iris.data」の内容は、カンマ(,)区切りのCSVファイルで、最初の4列にアヤメの花のデータが、最後の列にアヤメの品種が記載されています。CSVファイルに列名を表すヘッダーは保存されておらず、また、アヤメの品種は文字列のデータであり、数値化されていません。

```
$ head -n3 sonar.all-data
0.0200,0.0371,・・・(略)・・・,0.0032,R
0.0453,0.0523,・・・(略)・・・,0.0044,R
0.0262,0.0582,・・・(略)・・・,0.0078,R
```

　「sonar.all-data」の内容も同様にカンマ(,)区切りのCSVファイルで、最初の60列にソーナー信号のデータが、最後の列に岩か金属の種類が記載されています。CSVファイルに列名を表すヘッダーは保存されておらず、また、岩か金属の種類は「R」または「M」のいずれかとなります。

```
$ head -n3 glass.data
1,1.52101,13.64,4.49,1.10,71.78,0.06,8.75,0.00,0.00,1
2,1.51761,13.89,3.60,1.36,72.73,0.48,7.83,0.00,0.00,1
3,1.51618,13.53,3.55,1.54,72.99,0.39,7.78,0.00,0.00,1
```

　「glass.data」の内容も同様にカンマ(,)区切りのCSVファイルですが、最初の1列目は行のインデックスであり、データではありません。そしてその後の9列に酸化物のデータが、最後の列にガラスの種類の番号が記載されています。CSVファイルに列名を表すヘッダーは保存されておらず、また、ガラスの種類は1から7までの番号となります。

```
$ head -n3 airfoil_self_noise.dat
800     0       0.3048  71.3    0.00266337 126.201
1000    0       0.3048  71.3    0.00266337 125.201
1250    0       0.3048  71.3    0.00266337 125.951
```

　「airfoil_self_noise.dat」の内容はタブ区切りのTSVファイルで、最初の5列に翼の形のデータが、最後の列に発生したノイズの大きさが記載されています。TSVファイルに列名を表すヘッダーは保存されておらず、また、ノイズの大きさは正規化されていない実数値となります。

■ SECTION-003 ■ アルゴリズムの検証

```
$ head -n3 winequality-red.csv
"fixed acidity";"volatile acidity";"citric acid";"residual sugar";"chlorides";"free
sulfur dioxide";"total sulfur dioxide";"density";"pH";"sulphates";"alcohol";"quality"
7.4;0.7;0;1.9;0.076;11;34;0.9978;3.51;0.56;9.4;5
7.8;0.88;0;2.6;0.098;25;67;0.9968;3.2;0.68;9.8;5
$ head -n3 winequality-white.csv
"fixed acidity";"volatile acidity";"citric acid";"residual sugar";"chlorides";"free
sulfur dioxide";"total sulfur dioxide";"density";"pH";"sulphates";"alcohol";"quality"
7;0.27;0.36;20.7;0.045;45;170;1.001;3;0.45;8.8;6
6.3;0.3;0.34;1.6;0.049;14;132;0.994;3.3;0.49;9.5;6
```

　「winequality-red.csv」および「winequality-white.csv」はセミコロン「;」区
切りのファイルで、最初の11列にワインの化学分析のデータが、最後の列にソムリエの判断し
た品質のスコアが記載されています。ファイルの最初の行は列名を表すヘッダーであり、また、
品質のスコアは0から10までの整数値となります。

# CHAPTER 02

## 機械学習
## プログラミングの
## 準備

# SECTION-004
# 機械学習プログラミングの準備

## ◉ Python環境の構築

本書では、評価対象としてのベースラインを作成する箇所以外では外部のライブラリやパッケージは使用せず、一から機械学習アルゴリズムを実装しますが、そのためには汎用のプログラミング言語によるプログラム作業が必要になります。

機械学習で利用できる言語にはいろいろあり、基本的にはどの言語を使用してもよいですが、本書では、機械学習プログラミングにおいて広く使用されている、コードが短く理解しやすいといった理由から、Python言語を採用しました。そのため、本書のこれ以降の内容を実行するには、Pythonの開発環境が必要になります。

ここではまず、コンピューターにPythonをインストールして、Pythonによるプログラム開発ができるようにします。

### ◆ Windows、macOSの場合

WindowsおよびmacOSの場合は、Pythonの公式サイトからインストールパッケージをダウンロードすることで、利用できるようになります。まずは、下記のURLにアクセスし、「`Downloads`」以下から「`All releases`」をクリックします。

URL https://www.python.org/

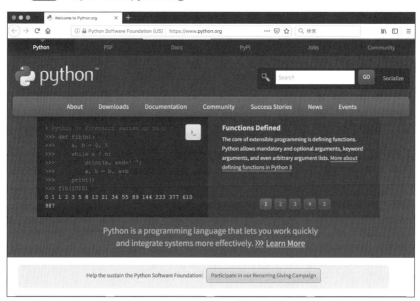

するとバージョンごとのインストールパッケージが表示されるので、使用しているOSに合ったもののうちから、最新バージョンのインストールパッケージをダウンロードします。

■ SECTION-004 ■ 機械学習プログラミングの準備

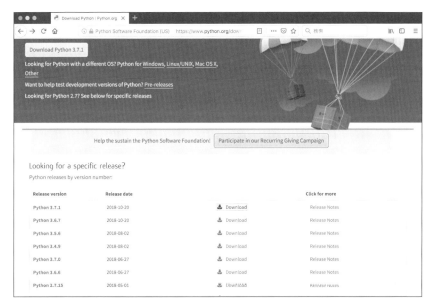

その後、インストールパッケージを実行し、指示に従ってインストールを進めると、Pythonが実行できるようになります。

Pythonはコマンドラインプログラムです。Windowsの場合は「cmd」プログラムから「python」コマンドを、macOSの場合は「ターミナル」アプリから「python3」コマンドを打ち込むことで実行します。

さらに、次のように「--version」と引数を指定することで、インストールされているPythonのバージョンを確認することができます。

■SECTION-004■ 機械学習プログラミングの準備

### ◆Ubuntuなどの場合

その他、Linux系のOSであれば、付属のパッケージ管理ツールを使用してPythonをインストールすることができます。例としてUbuntu OSでは、「apt」コマンドを使用してPythonをインストールできます。また、Python上のパッケージ管理ツールである「pip」もインストールします。

```
$ sudo apt install python3
$ sudo apt install python3-pip
```

### ◆外部パッケージの導入

以上でPythonの導入ができました。本書では、Pythonパッケージの「numpy」「pandas」「scikir-learn」も使用するので、次のようにPython上にパッケージを導入します。なお、Windowsの場合は「pip3」コマンドを「pip」コマンドに置き換えて実行してください。

```
$ pip3 install numpy
$ pip3 install pandas
$ pip3 install scikit-learn
```

後はPythonを対話モードで起動して、次のようにパッケージをインポートしてエラーが出なければ、Python環境の構築は完了しました。なお、Windowsの場合は「python3」コマンドを「python」コマンドに置き換えて実行してください。

```
$ python3
>>> import numpy
>>> import pandas
>>> import sklearn
```

### ● テキストエディターのインストール

Pythonのソースコードはテキストファイルとして作成します。また、PythonではデフォルトでUTF-8文字コードを利用します。そのため、文字コードを指定してテキストを保存できるテキストエディターが、Pythonでのプログラム開発には必要になります。また、Pythonソースコードファイルの拡張子は「.py」なので、OSの拡張子の表示設定などを確認してください。

使用するテキストエディターは、好みに合ったものであれば何でも構いませんが、ここではPython言語に対応したハイライト機能などがあるAtomエディターを紹介しておきます。

Atomエディターは、下記のURLから「Download」をクリックし、使用しているOSに合ったインストールパッケージをダウンロード、実行するとインストールすることができます。

URL https://atom.io/

■ SECTION-004 ■ 機械学習プログラミングの準備

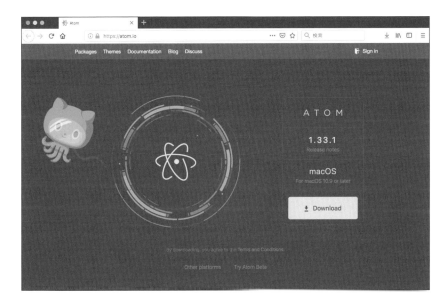

# SECTION-005
# 共通コードの作成

## ●本書で共通して使用するデータ形式

　Pythonの開発環境が構築できたら、次は実際にプログラムコードを作成していきます。ただし、アンサンブル学習へつながる機械学習プログラムを作成するのはもう少し後となります。

　ここではまず、データの取り扱い方のフォーマットについて、今後の機械学習プログラムで同じフォーマットを利用できるようにし、機械学習の結果を評価するための共通コードを作成します。

### ◆クラス分類の目的変数

　機械学習のプログラムでは、学習データを取り扱う必要がありますが、そのデータのプログラミング上の型などについて、本書で共通して使用するフォーマットを定義しておきます。

　まず、説明変数の方については、データセットによってデータの次元数が異なるので、Numpyの二次元配列に「データの個数×データの次元数」個の数値データが含まれるものとします。

　そして目的変数については、クラス分類の場合、データがそのクラスに属している確率を、Numpyの二次元配列を使用して表現するようにします。

　つまり、クラス分類の際の目的変数は、「データの個数×クラス数」個のデータとなります。学習時の正解データには、あるデータがどのクラスに属しているかは確定しているので、1つのデータはある次元が1で残りの値は0の配列となり、値が1である位置がクラスを表すことになります。

●クラス分類のときの目的変数

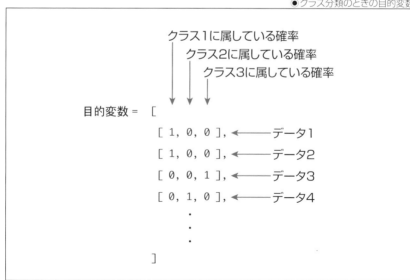

■ SECTION-005 ■ 共通コードの作成

◆ 回帰の目的変数

　一方の回帰ですが、クラス分類のときとデータの次元数が異なってしまうと、プログラミング上の取り扱いに注意が必要になるので、ここではクラス分類のときと同じくNumpyの二次元配列を使用して目的変数を表現するようにします。

　ただし、回帰では、目的変数は連続的な値なので、二次元配列の次元数は常に「データの個数×1」となります。つまり、長さが1の配列の、データの個数分の配列を用いて、回帰で使用する目的変数を表します。

● 回帰のときの目的変数

```
目的変数 =   [
                  [ 1 ],  ←───── データ1
                  [ 2 ],  ←───── データ2
                  [ 3 ],  ←───── データ3
                  [ 4 ],  ←───── データ4
                     .
                     .
                     .
              ]
```

### 共通コードを作成する

　使用するデータのフォーマットが定義できたので、そのデータを扱うためのコードを作成します。ここで作成するコードは、本書のこの後の章で機械学習アルゴリズムを実装する際に、インポートして使用する共通コードになります。

　インポートする名前は「support」とするので、まず、「support.py」という名前のファイルを作成し、Numpyをインポートするコードを作成しておきます。

SOURCE CODE ‖ support.pyのコード

```
import numpy as np
```

◆ クラス名を確率にする

　最初にクラス分類ではクラスが属する可能性を二次元配列として表現することにしましたが、クラスの名前のリストをそのクラスが属する可能性の配列へと変換するコードを作成します。

　入力がクラスの名前のリストとして与えられる場合、返されるのは、ある次元が1で残りの値は0の配列からなるデータです。

　クラスが属する可能性の配列へと変換するコードは「clz_to_prob」という関数内に作成します。「clz_to_prob」の実装は下記のようになりました。まず、クラス名から重複がないセットを作成し、リストに変換します。そして、入力データからそのリスト内のインデックスを求めると、クラス名がクラスを表す番号へと変換されます（変数「m」）。

39

■ SECTION-005 ■ 共通コードの作成

そしてループ内で、その番号で表された位置の次元が1.0であるNumpyデータを作成し、番号が指すクラスの名前とともに返します。

SOURCE CODE | support.pyのコード

```
def clz_to_prob( clz ):
  l = sorted( list( set( clz ) ) )
  m = [ l.index( c ) for c in clz ]
  z = np.zeros( ( len( clz ), len( l ) ) )
  for i, j in enumerate( m ):
    z[ i,j ] = 1.0
  return z, list( map( str, l ) )
```

◆ 確率をクラス名にする

次に、先ほどの反対でクラスが属する可能性から、そのクラスの名前を取得する関数を作成します。クラスの名前を取得する関数は「prob_to_clz」という名前で作成し、その実装は下記のようになります。

この関数は、Numpyの「argmax」関数でクラスが属する可能性の中から最も大きな値を取っている次元の位置を取得し、引数で与えられたクラス名のリストから、その位置にある名前を取り出してリストとしたものを返します。

SOURCE CODE | support.pyのコード

```
def prob_to_clz( prob, cl ):
  i = pred.argmax( axis=1 )
  return [ cl[ z ] for z in i ]
```

◆ 共通して使用するオプション引数

次に、本書で作成する機械学習プログラムで共通して使用する、プログラムのオプション引数を定義します。

オプション引数はPythonの「argparse」パッケージを利用して取得します。必要となるオプション引数は、データファイルの名前と、ファイル内の区切り文字、ヘッダーの行とインデックスの列、回帰かどうか、交差検証を行うかどうかとなります。

それぞれのオプション引数は、「-i」「-s」「-e」「-x」「-r」「-c」で使用できるようにし、「get_base_args」関数でそれらの引数を定義したArgumentParserを取得できるようにします。

ここで作成したオプション引数は共通して使用する部分のみで、それぞれのアルゴリズムで個別に必要となるパラメーターがある場合は、「get_base_args」関数の戻り値にさらにオプション引数を定義します。

SOURCE CODE | support.pyのコード

```
def get_base_args():
  import argparse
  ps = argparse.ArgumentParser( description='ML Test' )
  ps.add_argument( '--input', '-i', help='Training file' )
  ps.add_argument( '--separator', '-s', default=',', help='CSV separator' )
```

■ SECTION-005 ■ 共通コードの作成

```python
ps.add_argument( '--header', '-e', type=int, default=None, help='CSV header' )
ps.add_argument( '--indexcol', '-x', type=int, default=None, help='CSV index_col' )
ps.add_argument( '--regression', '-r', action='store_true', help='Regression' )
ps.add_argument( '--crossvalidate', '-c', action='store_true', help='Use Cross Validation' )
return ps
```

### 評価用のコードを作成する

本書では、機械学習アルゴリズムを実装するだけではなくその性能の評価も行います。

そこで、機械学習アルゴリズムの性能評価を行うコードも、共通コードとして「support.py」の中に作成しておきます。

機械学習アルゴリズムについてはクラスとして実装し、共通して「fit」関数と「predict」関数を実装しているものとします。また、機械学習アルゴリズムを実装したクラスは、評価を行うための関数に「plf」引数として与えられるものとします。

#### ◆ クラス分類における評価関数

まずはクラス分類を行ってその性能を評価するための関数を作成します。

クラス分類の性能評価は「report_classifier」という名前の関数として作成し、交差検証を行う場合と行わない場合で処理を分けます。

この関数では、評価スコアを取得するためにScikit-learnの関数を使用するので、必要となる関数もインポートしておきます。関数の引数には、機械学習アルゴリズムを実装したクラスと、説明変数と目的変数である「x」「y」、それにクラスの名前を表す「clz」が必要になります。

**SOURCE CODE** ‖ support.pyのコード

```python
def report_classifier( plf, x, y, clz, cv=True ):
    import warnings
    from sklearn.metrics import classification_report, f1_score, accuracy_score
    from sklearn.exceptions import UndefinedMetricWarning
    from sklearn.model_selection import KFold
    if not cv:
        # モデルとスコアを表示するコード
    else:
        # 交差検証のスコアを表示するコード
```

上記のコードにある「# モデルとスコアを表示するコード」という場所には、下記のコードが実装されます。このコードでは、まず、引数として与えられた機械学習アルゴリズムの「fit」関数を使用して学習を行い、モデルの内容を表示します。モデルの内容を表示する部分は、機械学習アルゴリズムを実装するクラスに「__str__」関数を実装して、クラスから文字列型への型変換を実装することで実現します。

そして機械学習アルゴリズムの「predict」関数を使用してモデルの実行を行い、結果を取得します。得られる結果はクラスの属する確率を表す二次元配列なので、Numpyの「argmax」関数を使用してクラスの番号へと変換し、Scikit-learnの「classification_report」関数を使用してスコアを取得します。

41

■ SECTION-005 ■ 共通コードの作成

| SOURCE CODE | support.pyのコード |

```python
plf.fit( x, y )
print( 'Model:')
print( str( plf ) )
z = plf.predict( x )
z = z.argmax( axis=1 )
y = y.argmax( axis=1 )
with warnings.catch_warnings():
    warnings.simplefilter( 'ignore', category=UndefinedMetricWarning )
    rp = classification_report( y, z, target_names=clz )
print( 'Train Score:' )
print( rp )
```

また、「# 交差検証のスコアを表示するコード」という場所には、下記のコードが実装されます。交差検証を行う際に必要となるデータの分割は、Scikit-learnの「KFold」関数で行います。ここではデータを10個のブロックに分けて交差検証を行います。

そして分割したデータに対してループを回し、10回の学習とモデルの実行を繰り返します。交差検証の際には、F1スコアとAccurasyのスコアのみを取得して、配列に保存しておきます。

最後に、分割したデータの個数での重み付き平均を取ることで、交差検証のスコアを算出します。

| SOURCE CODE | support.pyのコード |

```python
kf = KFold( n_splits=10, random_state=1, shuffle=True )
f1 = []
pr = []
n = []
for train_index, test_index in kf.split( x ):
    x_train, x_test = x[train_index], x[test_index]
    y_train, y_test = y[train_index], y[test_index]
    plf.fit( x_train, y_train )
    z = plf.predict( x_test )
    z = z.argmax( axis=1 )
    y_test = y_test.argmax( axis=1 )
    f1.append( f1_score( y_test, z, average='weighted' ) )
    pr.append( accuracy_score( y_test, z ) )
    n.append( len( x_test ) / len( x ) )
print( 'CV Score:' )
print( '  F1 Score = %f'%( np.average( f1, weights=n ) ) )
print( '  Accuracy Score = %f'%( np.average( pr, weights=n ) ) )
```

■SECTION-005 ■ 共通コードの作成

◆回帰分類における評価関数

　同様に、回帰における評価を行うための関数も作成します。

　関数の名前は「report_regressor」とし、説明変数と目的変数である「x」「y」を引数に作成します。

**SOURCE CODE** ‖ support.pyのコード

```python
def report_regressor( plf, x, y, cv=True ):
    from sklearn.metrics import r2_score, explained_variance_score, mean_absolute_error,
        mean_squared_error
    from sklearn.model_selection import KFold
    if not cv:
        # モデルとスコアを表示するコード
    else:
        # 交差検証のスコアを表示するコード
```

　学習データに対する評価を行う部分は、次のようにR2スコアの他、Explained Varianceスコアに、差の絶対値の平均、差の二乗平均も表示するようにします。

**SOURCE CODE** ‖ support.pyのコード

```python
plf.fit( x, y )
print( 'Model:')
print( str( plf ) )
z = plf.predict( x )
print( 'Train Score:' )
rp = r2_score( y, z )
print( '  R2 Score: %f'%rp )
rp = explained_variance_score( y, z )
print( '  Explained Variance Score: %f'%rp )
rp = mean_absolute_error( y, z )
print( '  Mean Absolute Error: %f'%rp )
rp = mean_squared_error( y, z )
print( '  Mean Squared Error: %f'%rp )
```

　交差検証の際にはR2スコアと差の二乗平均のみを取り、表示します。

**SOURCE CODE** ‖ support.pyのコード

```python
kf = KFold( n_splits=10, random_state=1, shuffle=True )
r2 = []
ma = []
n = []
for train_index, test_index in kf.split( x ):
    x_train, x_test = x[train_index], x[test_index]
    y_train, y_test = y[train_index], y[test_index]
    plf.fit( x_train, y_train )
    z = plf.predict( x_test )
    r2.append( r2_score( y_test, z ) )
```

▼

43

■ SECTION-005 ■ 共通コードの作成

```
    ma.append( mean_squared_error( y_test, z ) )
    n.append( len( x_test ) / len( x ) )
  print( 'CV Score:' )
  print( '  R2 Score = %f'%( np.average( r2, weights=n ) ) )
  print( '  Mean Squared Error = %f'%( np.average( ma, weights=n ) ) )
```

◆ 共通コード全体

　以上の内容をつなげると、最終的な「support.py」のコードは下記のようになります。この
コードは、本書のこの後の章で共通コードとして使用するので、この後の章のプログラムを実
行する際には、プログラム中からインポートできるよう同じディレクトリ内に配置しておく必要があ
ります。

| SOURCE CODE | support.pyのコード |
| --- | --- |

```
import numpy as np

def clz_to_prob( clz ):
  l = sorted( list( set( clz ) ) )
  m = [ l.index( c ) for c in clz ]
  z = np.zeros( ( len( clz ), len( l ) ) )
  for i, j in enumerate( m ):
    z[ i,j ] = 1.0
  return z, list( map( str, l ) )

def prob_to_clz( prob, cl ):
  i = pred.argmax( axis=1 )
  return [ cl[ z ] for z in i ]

def get_base_args():
  import argparse
  ps = argparse.ArgumentParser( description='ML Test' )
  ps.add_argument( '--input', '-i', help='Training file' )
  ps.add_argument( '--separator', '-s', default=',', help='CSV separator' )
  ps.add_argument( '--header', '-e', type=int, default=None, help='CSV header' )
  ps.add_argument( '--indexcol', '-x', type=int, default=None, help='CSV index_col' )
  ps.add_argument( '--regression', '-r', action='store_true', help='Regression' )
  ps.add_argument( '--crossvalidate', '-c', action='store_true', help='Use Cross Validation' )
  return ps

def report_classifier( plf, x, y, clz, cv=True ):
  import warnings
  from sklearn.metrics import classification_report, f1_score, accuracy_score
  from sklearn.exceptions import UndefinedMetricWarning
  from sklearn.model_selection import KFold
  if not cv:
    plf.fit( x, y )
    print( 'Model:' )
```

44

■SECTION-005■ 共通コードの作成

```python
            print( str( plf ) )
        z = plf.predict( x )
        z = z.argmax( axis=1 )
        y = y.argmax( axis=1 )
        with warnings.catch_warnings():
            warnings.simplefilter( 'ignore', category=UndefinedMetricWarning )
            rp = classification_report( y, z, target_names=clz )
        print( 'Train Score:' )
        print( rp )
    else:
        kf = KFold( n_splits=10, random_state=1, shuffle=True )
        f1 = []
        pr = []
        n = []
        for train_index, test_index in kf.split( x ):
            x_train, x_test = x[train_index], x[test_index]
            y_train, y_test = y[train_index], y[test_index]
            plf.fit( x_train, y_train )
            z = plf.predict( x_test )
            z = z.argmax( axis=1 )
            y_test = y_test.argmax( axis=1 )
            f1.append( f1_score( y_test, z, average='weighted' ) )
            pr.append( accuracy_score( y_test, z ) )
            n.append( len( x_test ) / len( x ) )
        print( 'CV Score:' )
        print( '  F1 Score = %f'%( np.average( f1, weights=n ) ) )
        print( '  Accuracy Score = %f'%( np.average( pr, weights=n ) ) )


def report_regressor( plf, x, y, cv=True ):
    from sklearn.metrics import r2_score, explained_variance_score, mean_absolute_error,
        mean_squared_error
    from sklearn.model_selection import KFold
    if not cv:
        plf.fit( x, y )
        print( 'Model:')
        print( str( plf ) )
        z = plf.predict( x )
        print( 'Train Score:' )
        rp = r2_score( y, z )
        print( '  R2 Score: %f'%rp )
        rp = explained_variance_score( y, z )
        print( '  Explained Variance Score: %f'%rp )
        rp = mean_absolute_error( y, z )
        print( '  Mean Absolute Error: %f'%rp )
        rp = mean_squared_error( y, z )
        print( '  Mean Squared Error: %f'%rp )
    else:
```

45

■SECTION-005■ 共通コードの作成

```
kf = KFold( n_splits=10, random_state=1, shuffle=True )
r2 = []
ma = []
n = []
for train_index, test_index in kf.split( x ):
    x_train, x_test = x[train_index], x[test_index]
    y_train, y_test = y[train_index], y[test_index]
    plf.fit( x_train, y_train )
    z = plf.predict( x_test )
    r2.append( r2_score( y_test, z ) )
    ma.append( mean_squared_error( y_test, z ) )
    n.append( len( x_test ) / len( x ) )
print( 'CV Score:' )
print( '  R2 Score = %f'%( np.average( r2, weights=n ) ) )
print( '  Mean Squared Error = %f'%( np.average( ma, weights=n ) ) )
```

## SECTION-006

# ベンチマークの作成

### ● Scikit-learnによるベンチマークの作成

機械学習によるデータ解析の特徴として、学習させるデータさえあれば、結果の成否はともかく、何らかの結果は得られるというものがあります。また、教師あり学習ではデータに対する正解が定義されていますが、すべてのデータに対して正解となる結果を出すアルゴリズムよりも、ある程度のファジィさがあるアルゴリズムの方が、汎化誤差が少なくてよいこともあるため、どのような出力がアルゴリズムとして「正しい」出力なのか、判断することは容易ではありません。

このことは、機械学習プログラミングにおいては、作成したプログラムのデバッグが難しいという問題を発生させます。つまり、作成したプログラムにバグがあったとしても、何らかの結果が出力される限り、コンソールのエラーメッセージを見てもプログラム中のバグを発見することはできないのです。

そこで、機械学習プログラミングを行う前に、まずは確立されている実装を用いて共通の検証用データセットを学習させて、その後の開発のベンチマークとなる、ベースラインを作成します。

### ◆ 使用するアルゴリズム

ベンチマークに使用する確立されている実装としては、本書ではPythonパッケージのScikit-learnを利用します。Scikit-learnにはさまざまな機械学習アルゴリズムが用意されており、本書で紹介するアンサンブル学習のアルゴリズムも存在しますが、ここではベースラインとして、**サポートベクターマシン**[2-1]、**ガウス過程**[2-2]、**K-近傍法**[2-3]、**多層パーセプトロン(ニューラルネットワーク)**[2-4]を使用することにしました。サポートベクターマシンで使用するカーネルはScikit-learnのデフォルトであるRBFカーネルとなります。

検証用データセットだけではなく、ベンチマークに使用するアルゴリズムについても、1種類ではなく複数のものを用意するのは、完璧な機械学習アルゴリズムというのは現状存在せず、アルゴリズムによって得手不得手が存在するためです。

---

[2-1] Chih-Chung Chang, Chih-Jen Lin. LIBSVM: A library for support vector machines. ACM Trans actions on Intelligent Systems and Technology (TIST) archive Volume 2 Issue 3, April 2011 https://www.csie.ntu.edu.tw/~cjlin/papers/libsvm.pdf

[2-2] J. Wang, D. Fleet, and A. Hertzmann. Gaussian Process Dynamical Models. NIPS 2005. http://www.dgp.toronto.edu/jmwang/gpdm/

[2-3] Altman, N. S. An introduction to kernel and nearest-neighbor nonparametric regression. The American Statistician. 46 (3): 175-185 (1992). https://www.tandfonline.com/doi/abs/10.1080/00031305.1992.10475879

[2-4] Shashi Sathyanarayana. A Gentle Introduction to Backpropagation. https://www.researchgate.net/publication/ 266396438_A_Gentle_Introduction_to_Backpropagation

■SECTION-006 ■ ベンチマークの作成

まずは、「baseline.py」という名前のファイルを作成し、次のコードを作成します。

**SOURCE CODE** || baseline.pyのコード

```python
import re
import numpy as np
import pandas as pd
import support
from sklearn.model_selection import KFold, cross_validate
from sklearn.svm import SVC, SVR
from sklearn.gaussian_process import GaussianProcessClassifier, GaussianProcessRegressor
from sklearn.neighbors import KNeighborsClassifier, KNeighborsRegressor
from sklearn.neural_network import MLPClassifier, MLPRegressor

if __name__ == '__main__':
    # ここにプログラムを作成します
```

　上記の内容は、必要なパッケージをインポートし、プログラムが開始された場合にコードを実行するためのもので、これ以降のコードは「# ここにプログラムを作成します」という部分に作成します。

　まずは、使用する4つのアルゴリズムについて、Scikit-learnのクラスから機械学習モデルを作成します。検証用データセットにはクラス分類と回帰の両方があるので、それぞれについて別のモデルを作成する必要があります。

　Scikit-learnのクラスでは、サポートベクターマシンは「SVC」「SVM」、ガウス過程は「Gaussian ProcessClassifier」「GaussianProcessRegressor」、K-近傍法は「KNeighborsClassifier」「KNeighborsRegressor」、多層パーセプトロン（ニューラルネットワーク）は「MLP Classifier」「MLPRegressor」という名前のクラスを作成することで利用できるので、次のように、アルゴリズムの名前と、クラス分類用のモデル、回帰用のモデルからなるタプルを配列の中に用意します。

**SOURCE CODE** || baseline.pyのコード

```python
# ベンチマークとなるアルゴリズムと、アルゴリズムを実装したモデルの一覧
models = [
  ( 'SVM', SVC( random_state=1 ), SVR() ),
  ( 'GaussianProcess', GaussianProcessClassifier( random_state=1 ),
    GaussianProcessRegressor( normalize_y=True, alpha=1, random_state=1 ) ),
  ( 'KNeighbors', KNeighborsClassifier(), KNeighborsRegressor() ),
  ( 'MLP', MLPClassifier( random_state=1 ),
    MLPRegressor( hidden_layer_sizes=( 5 ), solver='lbfgs', random_state=1 ) ),
  ]
```

　各クラスの引数は、それぞれのアルゴリズムに対するパラメーターです。Scikit-learnのデフォルトパラメーターのままでは、いくつかのデータセットに対して正しく動作しないアルゴリズムがあったため、それらのアルゴリズムについては、すべてのデータセットに対して正しく学習が行われるように、パラメーターのチューニングを行っています。

本書ではこれらのアルゴリズムは、これから作成するプログラムのベンチマークとして利用するだけなので、これらのアルゴリズムの仕組みやそのパラメーターについては解説しません。興味のある方は、Scikit-learnのAPIリファレンス（https://scikit-learn.org/stable/modules/classes.html）や、47ページに記載の参考文献[2-1]～[2-4]などを参考にしてください。

## ◆ データの用意

次に検証用データセットのファイルを定義します。検証用データセットのファイルは、ファイルによって区切り文字やヘッダーの行数、インデックスとなる列の位置が異なっているので、区切り文字とヘッダーとなる行とインデックスとなる列の位置も、それぞれ用意します。

ここでは次のように、「classifier_files」変数にクラス分類用の検証用データセットのファイル、「classifier_params」変数にそのファイルに対する区切り文字とヘッダーとなる行とインデックスとなる列の位置を、「regressor_files」に回帰用の検証用データセットのファイル、「regressor_params」変数にそのファイルに対する区切り文字とヘッダーとなる行の位置を用意しました。

**SOURCE CODE** ‖ baseline.pyのコード

```
# 検証用データセットのファイルと、ファイルの区切り文字、
# ヘッダーとなる行の位置、インデックスとなる列の位置のリスト
classifier_files = [ 'iris.data', 'sonar.all-data', 'glass.data' ]
classifier_params = [ ( ',', None, None ), ( ',', None, None ), ( ',', None, 0 ) ]
regressor_files = [ 'airfoil_self_noise.dat', 'winequality-red.csv', 'winequality-white.csv' ]
regressor_params = [ ( r'\t', None, None ), ( ';', 0, None ), ( ';', 0, None ) ]
```

さらに、検証用データセットに対する評価結果を保持するための変数も用意します。ここではPandasのDataFrame型で次のように、検証対象のファイルと評価関数、モデルの名前からなる表を作成し、そこにクラス分類と回帰について2個ずつのスコアを保存します。

**SOURCE CODE** ‖ baseline.pyのコード

```
# 評価スコアを、検証用データセットのファイル、アルゴリズムごとに保存する表
result = pd.DataFrame( columns=[ 'target', 'function' ] + [ m[ 0 ] for m in models ],
            index=range( len( classifier_files+regressor_files ) * 2 ) )
```

## ◆ クラス分類アルゴリズムの実行

以上でベンチマーク作成の用意ができたので、実際にScikit-learnのアルゴリズムを使用して機械学習アルゴリズムのスコアを作成します。

まずはクラス分類について、次のように評価用データセットのファイルごとにループを回し、その中でファイルを読み込みます。ここではCHAPTER 01で作成した「clz_to_prob」関数を使用していますが、Scikit-learnのアルゴリズムではクラス分類アルゴリズムでは正解となるラベルは一次元の数値として受け取るので、ラベルに属する可能性の配列は使用せず、数値化したラベルの番号のみを使用します。

■ SECTION-006 ■ ベンチマークの作成

**SOURCE CODE** | baseline.pyのコード

```python
# 最初にクラス分類アルゴリズムを評価する
ncol = 0
for i, ( c, p ) in enumerate( zip( classifier_files, classifier_params ) ):
    # ファイルを読み込む
    df = pd.read_csv( c, sep=p[ 0 ], header=p[ 1 ], index_col=p[ 2 ] )
    x = df[ df.columns[ :-1 ] ].values
    # ラベルを、ラベルの番号と、そのラベルに属する可能性の配列で表現する
    y, clz = support.clz_to_prob( df[ df.columns[ -1 ] ] )

    # 結果の表にファイル名からデータセットの種類と、評価関数用の行を作る
    result.loc[ ncol, 'target' ] = re.split( r'[._]', c )[ 0 ]
    result.loc[ ncol + 1, 'target' ] = ''
    result.loc[ ncol, 'function' ] = 'F1Score'
    result.loc[ ncol + 1, 'function' ] = 'Accuracy'

    # ここにアルゴリズムの評価を実装する

    ncol += 2
```

アルゴリズムの評価結果は、F1スコアと正解率（Accuracy）の2つの値を使用します。それらの値は、スコアを保存する表に、「F1Score」「Accuracy」という名前が入った列を作成しておきます。

「# ここにアルゴリズムの評価を実装する」の部分では、下記のようにすべてのアルゴリズムをループ内で実行し、交差検証のスコアを取得します。

ここでは、交差検証とスコアを取得する部分に、Scikit-learnの「cross_validate」関数を使用しています。「cross_validate」関数はScikit-learnが用意している便利なサポート関数で、引数で与えられたデータを学習用データとテスト用データに分割し、交差検証を行った上で、その結果のスコアを含むディクショナリを返してくれます。「cross_validate」関数の引数は、評価する機械学習アルゴリズムのクラス、学習データと正解データ、交差検証の分割用に「KFold」クラス、それに評価関数の名前となっており、評価関数の名前に「train_」または「test_」を付けた名前が、返されるディクショナリのキー値となります。

ここでは次のように、テスト用データに対する重み付きのF1スコアおよび正解率（Accuracy）の平均値を、評価用のスコアとして保存します。

**SOURCE CODE** | baseline.pyのコード

```python
# すべてのアルゴリズムを評価する
for l, c_m, r_m in models:
    # Scikit-learnの関数で交差検証した結果のスコアを取得する
    kf = KFold( n_splits=5, random_state=1, shuffle=True )
    s = cross_validate( c_m, x, y.argmax( axis=1), cv=kf, scoring=( 'f1_weighted', 'accuracy' ) )
    result.loc[ ncol, l ] = np.mean( s[ 'test_f1_weighted' ] )
    result.loc[ ncol + 1, l ] = np.mean( s[ 'test_accuracy' ] )
```

■SECTION-006■ ベンチマークの作成

◆ 回帰アルゴリズムの実行

　同様に、回帰アルゴリズムに対する評価のコードも作成します。アルゴリズムの評価結果
は、R2スコアと二乗平均誤差の2つの値を使用します。それらの値は、スコアを保存する表に、
「R2Score」「MeanSquared」という名前が入った列を作成しておきます。

　内容としては先ほどとほぼ同じで、使用する評価関数の名前が異なっているのと、二乗
平均誤差の値が負になることが注意点となります。これは、二乗平均誤差の値は正解値
と予想値の差の二乗平均なので、値が小さいほど「良い値」となるのですが、「cross_
validate」関数では、返されるスコアについて、「値が大きいほど良い値」になるように統一
しているので、Mean Squared Errorなど誤差の大きさを表す値は、「neg_」を付けて負の
値を返すようになっているためです。

　そのため、スコアを取得する部分では、「cross_validate」関数から得られたスコアの
符号を反転させて、もとの二乗平均誤差の値を取得するようになっています。

SOURCE CODE ‖ baseline.pyのコード

```python
# 次に回帰アルゴリズムを評価する
for i, ( c, p ) in enumerate( zip( regressor_files, regressor_params ) ):
    # ファイルを読み込む
    df = pd.read_csv( c, sep=p[ 0 ], header=p[ 1 ], index_col=p[ 2 ] )
    x = df[ df.columns[ :-1 ] ].values
    y = df[ df.columns[ -1 ] ].values.reshape( ( -1, ) )

    # 結果の表にファイル名からデータセットの種類と、評価関数用の行を作る
    result.loc[ ncol, 'target' ] = re.split( r'[._]', c )[ 0 ]
    result.loc[ ncol + 1, 'target' ] = ''
    result.loc[ ncol, 'function' ] = 'R2Score'
    result.loc[ ncol + 1, 'function' ] = 'MeanSquared'

    # すべてのアルゴリズムを評価する
    for l, c_m, r_m in models:
        # Scikit-learnの関数で交差検証した結果のスコアを取得する
        kf = KFold( n_splits=5, random_state=1, shuffle=True )
        s = cross_validate( r_m, x, y, cv=kf, scoring=( 'r2','neg_mean_squared_error' ) )
        result.loc[ ncol, l ] = np.mean( s[ 'test_r2' ] )
        result.loc[ ncol + 1, l ] = -np.mean( s[ 'test_neg_mean_squared_error' ] )

    ncol += 2
```

　最後に、作成したスコアを表示し、CSVファイルに保存します。

SOURCE CODE ‖ baseline.pyのコード

```python
# 結果を保存
print( result )
result.to_csv( 'baseline.csv', index=None )
```

■ SECTION-006 ■ ベンチマークの作成

◆ ベンチマーク作成プログラムの全体

　以上をつなげると、機械学習アルゴリズムのベンチマーク作成プログラムが完成します。ベンチマーク作成プログラムの全体は、次のようになります。

**SOURCE CODE** ‖ baseline.pyのコード

```python
import re
import numpy as np
import pandas as pd
import support
from sklearn.model_selection import KFold, cross_validate
from sklearn.svm import SVC, SVR
from sklearn.gaussian_process import GaussianProcessClassifier, GaussianProcessRegressor
from sklearn.neighbors import KNeighborsClassifier, KNeighborsRegressor
from sklearn.neural_network import MLPClassifier, MLPRegressor

""" Training Dataset as:
https://archive.ics.uci.edu/ml/datasets/Iris/
https://archive.ics.uci.edu/ml/datasets/Connectionist+Bench+%28Sonar%2C+Mines+vs.+Rocks%29
https://archive.ics.uci.edu/ml/machine-learning-databases/glass/
https://archive.ics.uci.edu/ml/datasets/Airfoil+Self-Noise
https://archive.ics.uci.edu/ml/datasets/Wine+Quality
"""

if __name__ == '__main__':
    # ベンチマークとなるアルゴリズムと、アルゴリズムを実装したモデルの一覧
    models = [
      ( 'SVM', SVC( random_state=1 ), SVR() ),
      ( 'GaussianProcess', GaussianProcessClassifier( random_state=1 ),
        GaussianProcessRegressor( normalize_y=True, alpha=1, random_state=1 ) ),
      ( 'KNeighbors', KNeighborsClassifier(), KNeighborsRegressor() ),
      ( 'MLP', MLPClassifier( random_state=1 ),
        MLPRegressor( hidden_layer_sizes=( 5 ), solver='lbfgs', random_state=1 ) ),
       ]

    # 検証用データセットのファイルと、ファイルの区切り文字、
    # ヘッダーとなる行の位置、インデックスとなる列の位置のリスト
    classifier_files = [ 'iris.data', 'sonar.all-data', 'glass.data' ]
    classifier_params = [ ( ',', None, None ), ( ',', None, None ), ( ',', None, 0 ) ]
    regressor_files = [ 'airfoil_self_noise.dat', 'winequality-red.csv', 'winequality-white.csv' ]
    regressor_params = [ ( r'\t', None, None ), ( ';', 0, None ), ( ';', 0, None ) ]

    # 評価スコアを、検証用データセットのファイル、アルゴリズム毎に保存する表
    result = pd.DataFrame( columns=[ 'target', 'function' ] + [ m[ 0 ] for m in models ],
            index=range( len( classifier_files+regressor_files ) * 2 ) )

    # 最初にクラス分類アルゴリズムを評価する
```

▼

■SECTION-006■ ベンチマークの作成

```python
ncol = 0
for i, ( c, p ) in enumerate( zip( classifier_files, classifier_params ) ):
    # ファイルを読み込む
    df = pd.read_csv( c, sep=p[ 0 ], header=p[ 1 ], index_col=p[ 2 ] )
    x = df[ df.columns[ :-1 ] ].values
    # ラベルを、ラベルの番号と、そのラベルに属する可能性の配列で表現する
    y, clz = support.clz_to_prob( df[ df.columns[ -1 ] ] )

    # 結果の表にファイル名からデータセットの種類と、評価関数用の行を作る
    result.loc[ ncol, 'target' ] = re.split( r'[._]', c )[ 0 ]
    result.loc[ ncol + 1, 'target' ] = ''
    result.loc[ ncol, 'function' ] = 'F1Score'
    result.loc[ ncol + 1, 'function' ] = 'Accuracy'

    # すべてのアルゴリズムを評価する
    for l, c_m, r_m in models:
        # Scikit-learnの関数で交差検証した結果のスコアを取得する
        kf = KFold( n_splits=5, random_state=1, shuffle=True )
        s = cross_validate( c_m, x, y.argmax( axis=1 ), cv=kf, scoring=( 'f1_weighted', 'accuracy' ) )
        result.loc[ ncol, l ] = np.mean( s[ 'test_f1_weighted' ] )
        result.loc[ ncol + 1, l ] = np.mean( s[ 'test_accuracy' ] )

    ncol += 2


# 次に回帰アルゴリズムを評価する
for i, ( c, p ) in enumerate( zip( regressor_files, regressor_params ) ):
    # ファイルを読み込む
    df = pd.read_csv( c, sep=p[ 0 ], header=p[ 1 ], index_col=p[ 2 ] )
    x = df[ df.columns[ :-1 ] ].values
    y = df[ df.columns[ -1 ] ].values.reshape( ( -1, ) )

    # 結果の表にファイル名からデータセットの種類と、評価関数用の行を作る
    result.loc[ ncol, 'target' ] = re.split( r'[._]', c )[ 0 ]
    result.loc[ ncol + 1, 'target' ] = ''
    result.loc[ ncol, 'function' ] = 'R2Score'
    result.loc[ ncol + 1, 'function' ] = 'MeanSquared'

    # すべてのアルゴリズムを評価する
    for l, c_m, r_m in models:
        # Scikit-learnの関数で交差検証した結果のスコアを取得する
        kf = KFold( n_splits=5, random_state=1, shuffle=True )
        s = cross_validate( r_m, x, y, cv=kf, scoring=( 'r2','neg_mean_squared_error' ) )
        result.loc[ ncol, l ] = np.mean( s[ 'test_r2' ] )
        result.loc[ ncol + 1, l ] = -np.mean( s[ 'test_neg_mean_squared_error' ] )

    ncol += 2
```

■ SECTION-006 ■ ベンチマークの作成

```
# 結果を保存
print( result )
result.to_csv( 'baseline.csv', index=None )
```

上記のコードを実行すると、次のように検証用データセットとアルゴリズムごとのスコアが表示されます。これ以降の本書では、このスコアを機械学習アルゴリズムを評価するためのベンチマークとして使用します。

| target | function | SVM | GaussianProcess | KNeighbors | MLP |
|---|---|---|---|---|---|
| iris | F1Score | 0.97347 | 0.95393 | 0.95373 | 0.94768 |
| | Accuracy | 0.97333 | 0.95333 | 0.95333 | 0.94667 |
| sonar | F1Score | 0.52361 | 0.80994 | 0.76767 | 0.79772 |
| | Accuracy | 0.59628 | 0.81243 | 0.76969 | 0.79872 |
| glass | F1Score | 0.62729 | 0.68127 | 0.64594 | 0.19063 |
| | Accuracy | 0.65925 | 0.70576 | 0.66844 | 0.35548 |
| airfoil | R2Score | 0.09629 | 0.06973 | 0.22885 | -0.00125 |
| | MeanSquared | 42.877 | 44.022 | 36.365 | 47.588 |
| winequality-red | R2Score | 0.26288 | 0.23257 | 0.12961 | 0.24626 |
| | MeanSquared | 0.47712 | 0.49794 | 0.56409 | 0.48971 |
| winequality-white | R2Score | 0.29827 | 0.24999 | 0.15044 | 0.24795 |
| | MeanSquared | 0.55013 | 0.58800 | 0.66553 | 0.58897 |

# CHAPTER 03

## 線形回帰と
## 確率的勾配降下法

# SECTION-007
# ひな形モデルの作成

## ● ZeroRuleを実装する

　この章からは、実際に一から機械学習アルゴリズムを実装し、ベンチマークと同じ検証用データセットを評価するプログラムを作成していきます。

　本書では複数の機械学習アルゴリズムを紹介しますが、それぞれをまったく異なるインターフェイスで作成するのではあまりに不親切なので、すべてのアルゴリズムを共通のインターフェイスを持つクラスとして作成し、同じように使用できるようにします。ここではまず、その共通のインターフェイスと、最も単純な機能のみを実装した、ひな形となるクラスを作成します。

### ◆ ZeroRuleとは

　**ZeroRule**とは、文字通り「**ルールなし**」を実装したアルゴリズムです。一般的な機械学習モデルは、学習データを学習することで、入力に対する出力を求めるモデルが作成されますが、ZeroRuleでは、入力に対する出力を決定するルールはないので、どのような入力に対しても同じ出力が返されます。

　本書で扱う問題は、クラス分類と回帰となりますが、これらの問題における「ルールなし」とは、クラス分類であれば「学習時に最も数の多かったクラス」、回帰であれば「学習した正解データの平均値」を返すものとなります。

　ZeroRuleは、機械学習アルゴリズムとはとても呼べませんが、それでも学習データから最低限の意味を抽出して返すモデルを作成します。一見すると、まともに作られた機械学習アルゴリズムであれば、ZeroRuleよりも「悪い」モデルにはならなさそうですが、意外なことに、ZeroRuleよりも「悪い」機械学習モデルというのも存在します。

●ZeroRule以下のモデル

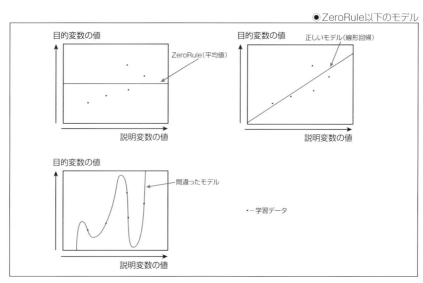

たとえば、前ページの図は、ZeroRuleと正しく学習された線形回帰モデル、それに間違って学習されたモデルを表しています。この場合、間違って学習されたモデルは、表現力が高すぎるため過学習を起こしており、学習データに対してはすべて正しい値を返しますが、交差検証などで学習させていないデータに対する評価を行うと、ZeroRuleよりも悪い結果となってしまいます。

ZeroRuleよりも悪い結果とるアルゴリズムについては、そもそもの実装に間違いがあるか、正しい学習が行われていないかなので、機械学習の結果としては使用することができません。

### ◆ ZeroRuleの実装

ZeroRuleでは、学習データのうち、目的変数のみを見ればよく、説明変数については無視するので、実装は簡単です。

CHAPTER 02で解説した通り、本書で共通して使用するデータ形式では、クラス分類でも回帰でも、目的変数は常に2次元の配列となります。

回帰のときには単純にデータ数の軸で平均した値がZeroRuleの出力となります。クラス分類のときも、目的変数の配列は学習時には1か0からなる配列なので、データ数の軸で平均値を取れば、最も多く含まれているクラスを表す確率が最も高い値となる配列が得られます。

ZeroRuleの実装は、「**zeror.py**」というファイル内に「**ZeroRule**」クラスとして作成します。このクラスは、この後で実装するさまざまなアルゴリズムのひな形となるので、共通する名前の関数を作成します。

まず、Scikit-learnのクラスに習って、データの学習を行う「**fit**」関数と、モデルの実行を行う「**predict**」関数を作成します。それぞれの関数の引数は、「**fit**」関数には説明変数と目的変数となる「**x**」と「**y**」、「**predict**」関数には説明変数となる「**x**」が必要です。

また、「**__init__**」関数では、出力値を保存する「**self.r**」変数を作成し、「**fit**」関数内で説明変数からデータ数の軸で平均した値を代入します。

「**predict**」関数では、数ら必要な大きさの配列を用意して、「**self.r**」変数の値を入れて返します。

さらに、「**__str__**」関数は、第2章で紹介した共通コードで使用する、モデルの文字列表現を返します。ここでは単純に「**self.r**」変数の文字列表現を返すようにしました。

---

**SOURCE CODE** ┃ **zeror.pyのコード**

```python
import numpy as np
import support

class ZeroRule:
  def __init__( self ):
    self.r = None

  def fit( self, x, y ):
    self.r = np.mean( y, axis=0 )
    return self

  def predict( self, x ):
```

■ SECTION-007 ■ ひな形モデルの作成

```python
    z = np.zeros( ( len( x ), self.r.shape[0] ) )
    return z + self.r

def __str__( self ):
    return str( self.r )
```

### ● ZeroRuleを評価する

　次に、作成したZeroRuleにデータを読み込ませて、機械学習アルゴリズムと同様にスコアを評価するコードを作成します。この部分のコードも、今後、作成するアルゴリズムに対する評価のためのひな形となるので、できるだけ一般的な機械学習アルゴリズムと同じように作成します。

### ◆ ファイルの読み込み

　まずは「zeror.py」がプログラムとして起動されたときに、共通するプログラムの引数から値を抽出し、ファイルを読み込むコードです。これにはCHAPTER 02で作成した「get_base_args」関数で引数の値を取得し、Pandasの「read_csv」関数でデータを読み込みます。

　また、読み込んだデータの最後の列は目的変数として扱い、残りの列から「x」変数に説明変数を代入します。

**SOURCE CODE | zeror.pyのコード**

```python
if __name__ == '__main__':
    import pandas as pd
    ps = support.get_base_args()
    args = ps.parse_args()

    df = pd.read_csv( args.input, sep=args.separator, header=args.header, index_col=args.indexcol )
    x = df[ df.columns[ :-1 ] ].values
```

### ◆ スコアを表示する

　次に、プログラムの引数からクラス分類か回帰かを判断して、評価スコアを表示します。これにもCHAPTER 02で作成した「report_classifier」「report_regressor」関数を使用します。クラス分類のときには、「clz_to_prob」関数を使用することで、クラスの名前を番号へと変換しています。

**SOURCE CODE | zeror.pyのコード**

```python
if not args.regression:
    y, clz = support.clz_to_prob( df[ df.columns[ -1 ] ] )
    plf = ZeroRule()
    support.report_classifier( plf, x, y, clz, args.crossvalidate )
else:
    y = df[ df.columns[ -1 ] ].values.reshape( ( -1, 1 ) )
    plf = ZeroRule()
    support.report_regressor( plf, x, y, args.crossvalidate )
```

■SECTION-007 ■ ひな形モデルの作成

◆ ZeroRuleの実行

以上の内容をつなげると、最終的な「zeror.py」は次のようになります。

**SOURCE CODE** ‖ zeror.pyのコード

```python
import numpy as np
import support

class ZeroRule:
    def __init__( self ):
        self.r = None

    def fit( self, x, y ):
        self.r = np.mean( y, axis=0 )
        return self

    def predict( self, x ):
        z = np.zeros( ( len( x ), self.r.shape[0] ) )
        return z + self.r

    def __str__( self ):
        return str( self.r )


if __name__ == '__main__':
    import pandas as pd
    ps = support.get_base_args()
    args = ps.parse_args()

    df = pd.read_csv( args.input, sep=args.separator, header=args.header, index_col=args.indexcol )
    x = df[ df.columns[ :-1 ] ].values

    if not args.regression:
        y, clz = support.clz_to_prob( df[ df.columns[ -1 ] ] )
        plf = ZeroRule()
        support.report_classifier( plf, x, y, clz, args.crossvalidate )
    else:
        y = df[ df.columns[ -1 ] ].values.reshape( ( -1, 1 ) )
        plf = ZeroRule()
        support.report_regressor( plf, x, y, args.crossvalidate )
```

このプログラムを実行するには、次のように「-i」オプションで学習させるデータのファイル名を指定します。回帰として学習を行うには、さらに「-r」オプションも指定します。

03
CHAPTER

線形回帰と確率的勾配降下法

59

■ SECTION-007 ■ ひな形モデルの作成

```
$ python3 zeror.py -i iris.data
Model:
[0.33333333 0.33333333 0.33333333]
Train Score:
                 precision    recall  f1-score   support

    Iris-setosa       0.33      1.00      0.50        50
Iris-versicolor       0.00      0.00      0.00        50
 Iris-virginica       0.00      0.00      0.00        50

      micro avg       0.33      0.33      0.33       150
      macro avg       0.11      0.33      0.17       150
   weighted avg       0.11      0.33      0.17       150
```

また、「-c」オプションを指定すると、交差検証を行ったスコアが表示されます。

```
$ python3 zeror.py -i iris.data -c
  F1 Score = 0.062897
  Accuracy Score = 0.186667
```

すべての検証用データセットに対して「zeror.py」を実行し、交差検証のスコアを求めると、その結果は次のようになります。

| target | function | ZeroRule | ベンチマーク | | | |
|--------|----------|----------|------|----------------|-----------|------|
| | | | SVM | GaussianProcess | KNeighbors | MLP |
| iris | F1Score | 0.06290 | 0.97347 | 0.95393 | 0.95373 | 0.94768 |
| | Accuracy | 0.18667 | 0.97333 | 0.95333 | 0.95333 | 0.94667 |
| sonar | F1Score | 0.37896 | 0.52361 | 0.80994 | 0.76767 | 0.79772 |
| | Accuracy | 0.53365 | 0.59628 | 0.81243 | 0.76969 | 0.79872 |
| glass | F1Score | 0.15768 | 0.62729 | 0.68127 | 0.64594 | 0.19063 |
| | Accuracy | 0.31308 | 0.65925 | 0.70576 | 0.66844 | 0.35548 |
| airfoil | R2Score | -0.00720 | 0.09629 | 0.06973 | 0.22885 | -0.00125 |
| | MeanSquared | 47.623 | 42.877 | 44.022 | 36.365 | 47.588 |
| winequality-red | R2Score | -0.00353 | 0.26288 | 0.23257 | 0.12961 | 0.24626 |
| | MeanSquared | 0.65237 | 0.47712 | 0.49794 | 0.56409 | 0.48971 |
| winequality-white | R2Score | -0.00421 | 0.29827 | 0.24999 | 0.15044 | 0.24795 |
| | MeanSquared | 0.78497 | 0.55013 | 0.58800 | 0.66553 | 0.58897 |

この結果を見ると、ベンチマークとして使用したアルゴリズムに対しての評価を行うことができます。ベンチマークのアルゴリズムについては、ZeroRuleよりも悪いスコアとなっているものはないため、すべてのアルゴリズムについて性能の目安として使用することができます。

なお、データセットによってヘッダーの有無や区切り文字が異なるので、それぞれのファイルに対するコマンドは次のようになります。

```
$ python3 zeror.py -i iris.data -c
$ python3 zeror.py -i sonar.all-data -c
$ python3 zeror.py -i glass.data -x 0 -c
$ python3 zeror.py -i airfoil_self_noise.dat -s '\t' -r -c
$ python3 zeror.py -i winequality-red.csv -s ";" -e 0 -r -c
$ python3 zeror.py -i winequality-white.csv -s ";" -e 0 -r -c
```

60

# SECTION-008

# 線形回帰と勾配降下法

## ◎ 線形回帰

　先ほど作成したZeroRuleは、文字通り「ルールなし」のアルゴリズムであり、機械学習と呼べるほどのものではありませんでした。本書で紹介する最初の機械学習プログラミングとしては、線形回帰の実装を行いますが、その前に線形回帰についてと線形回帰モデルに対する学習アルゴリズムについての解説をします。

### ◆ 線形回帰とは

　**線形回帰**とは、回帰で使用される最もシンプルなモデルで、数学的には長い歴史があります。線形回帰はその名の通り、直線でモデルを定義する手法で、モデルを保持するのに「データの次元数+1」個の変数しか使用しません。

　たとえば、二次元上の直線を表す数式は、「$y = ax + b$」で、ここで「$y$」が目的変数、「$x$」が説明変数で、「$a$」と「$b$」は直線の傾きと切片を表します。線形回帰では、この「$a$」と「$b$」を線形回帰係数と呼び、その値で定義される直線をモデルとします。そして、値の予想を行う際には説明変数となる「$x$」に対応する直線上の「$y$」値を、モデルの出力とします。

●二次元上の線形モデル

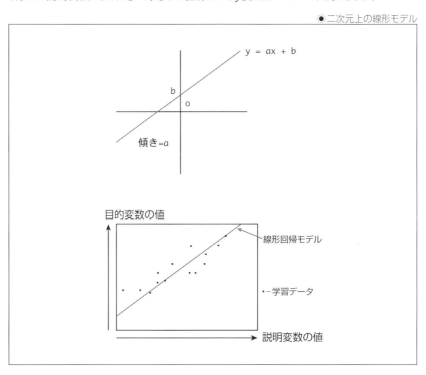

■ SECTION-008 ■ 線形回帰と勾配降下法

同様に多次元空間上での直線は、次元数とNとすると、次の式となります。

$$y = a_1x_1 + a_2x_2 + \cdots + a_Nx_N + b$$

そのため、線形回帰モデルでは、次元数+1個の線形回帰係数で定義される直線が学習モデルとなります。

◆ 線形回帰モデルにおける機械学習

線形回帰モデルでは、正しい線形回帰係数を求めることがモデル作成の目標となります。しかし、学習データの数が大きくなると、直接線形回帰係数を求めることは難しくなり、何らかの方法で線形回帰係数を推定する必要があります。そこで、機械学習アルゴリズムを使用して近似的に正しい線形回帰係数を求めることになります。

そのように、線形回帰モデルにおける機械学習とは、線形回帰係数の推定を指しますが、機械学習アルゴリズムの中でも、カーネル法、最急降下法、勾配降下法などの異なる学習アルゴリズムが使用できて、どの方法で学習を行うかによって作成されるモデルに差が出ることになります。

◉ 勾配降下法

**勾配降下法**は機械学習のアルゴリズムの1つで、学習データに対して、近似的に最適なパラメーターを発見するために使用されます。また、学習データが多数存在するときには、小さな単位毎に順次最適化を行う、確率的勾配降下法（SGD）が使用されることもあります。

勾配降下法を利用するためには、機械学習モデルが、モデル内に含まれているすべての学習変数に対して偏微分可能であるという条件がありますが、SGDではデータを少しずつ処理できるというため、ビッグデータ解析など大規模データセットに対する学習に向いており、現在ではニューラルネットワークを初めとするさまざまなモデルに応用されています。

ここでは、線形回帰モデルに対して勾配降下法を使用し、回帰変数の推定を行う方法について解説します。

◆ 勾配降下法を理解する

勾配降下法の基本的なアイデアは、データの1つひとつに対して学習途中のモデルを実行し、その結果と正しい結果との誤差を求めることで、モデルをどのように更新していくかを決定するところにあります。

線形回帰係数を推定する場合、学習モデルは「y = a₁x₁ + a₂x₂ + ・・・ + aₙxₙ + b」という形の数式となりますが、データのうち1つのみを見る場合、正しい結果になるモデルに含まれる学習変数（aおよびb）の組み合わせは無数にあります。

最もわかりやすい例としては、bは目的変数と同じで、aはすべて0となる組み合わせでしょう。これは切片が目的変数となり、残りは平面的な（したがってどのような入力に対しても同じ結果を返す）モデルとなりますが、データの1つのみを見る場合、正しい結果をもたらすモデルの1つではあります。

●データを少しずつマッチさせる

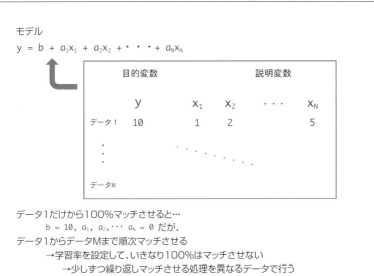

しかし、1つのデータのみを見てモデルを作成したのでは、多数のデータからなるデータセット全体に最適化されたモデルを作成することはできません。

そこで勾配降下法では、1つのデータに対していきなり100%合致するようにモデルを学習させるのではなく、少しずつ学習を進めることで、最終的に多数のデータからなるデータセット全体に（おおよそ）最適化されたモデルを作成することを目指します。

そのために勾配降下法では、学習率という係数が用いられます。学習率はたとえば「0.01」などの小さな値を取る係数で、1回の学習でモデルをどの程度、更新するかを決定します。

# SECTION-008 ■ 線形回帰と勾配降下法

●勾配降下法による線形回帰係数の推定

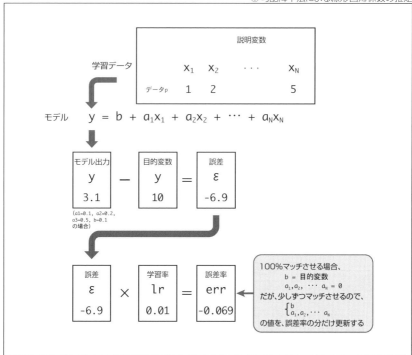

### ◆ 勾配を求める

　勾配降下法では、モデルを更新する方向を勾配と呼び、モデルを更新する方向と学習率を掛けた値で、モデル内の変数を更新していきます。

　勾配の計算は、モデルの中に含まれている計算式をもとに、学習する変数それぞれに対する偏微分を取ることで求められます。微分は計算式の傾きを表すので、計算した勾配の方向へと誤差の係数で変数を更新すると、モデルは正解を返す方向へと少しずつ更新されていくわけです。

　ここでは線形な回帰モデルを扱っているので、変数$b$に対する偏微分の結果は1、変数$a_1$に対する偏微分の結果は$x_1$、変数$a_2$に対する偏微分の結果は$x_2$……という風に、勾配は学習データそのものになります。

---

[3-1] Gradient method. Lieven Vandenberghe. lecture notes for EE236C at UCLA, 2016.
http://www.seas.ucla.edu/~vandenbe/236C/lectures/gradient.pdf
[3-2] On the momentum term in gradient descent learning algorithms. Ning Qian. Neural Networks. 12 (1): 145-151, 1999.
http://www.columbia.edu/~nq6/publications/momentum.pdf

● 偏微分

```
モデル
    y = f(x): b + a₁x₁ + a₂x₂ + ・・・ + aₙxₙ

偏微分

    f'b(x)      =1
    f'a₁(x)     =x₁
    f'a₂(x)     =x₂
        ・
        ・
        ・
    f'aₙ(x)     =xₙ
```

　そして求められる勾配に、学習データに正解データとの差を掛け合わせて、その値で学習率を係数に変数を更新すると、勾配降下法による学習が1回分、行われます。

　つまり、線形回帰係数の推定では、モデルに含まれている変数の内、切片となるbの値は、正解データとの差の方向に更新し、傾きとなるaの値は、正解データとの差に学習データを掛けた値の方向へと更新します。

● 勾配に従って更新する

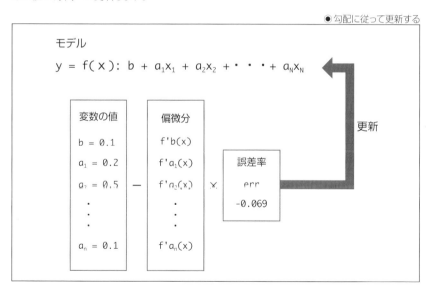

　勾配降下法は古くから知られている手法ですが、参考文献[3-1]で紹介されているように、数学的な解析によって性能が評価されています。また、一例として参考文献[3-2]にあるような、勾配降下法をもとにしたさまざまな改良アルゴリズムが存在しており、機械学習アルゴリズムの中では最もよく使用されるものの1つとなっています。

■ SECTION-008 ■ 線形回帰と勾配降下法

◆ 勾配降下法の動き

実際に勾配降下法による線形回帰係数の推定がどのように動くか、1つの例を挙げて見ることにしましょう。

ここでは、学習させるデータを下記とし、学習率を0.01とします。

$x = [1, 2, 5]$
$y = 10$

モデルの初期状態は「a = [0, 0, 0]」、「b = 0」で、1回目の学習の際には、最初に現在のモデルによる結果、「z = 0」と正解データ「y = 10」の差を取り、学習率を掛けて「err = (0 - 10) × 0.01 = -0.1」が求められます。

そして変数aとbを、「err」の値で更新することで、1回分の学習が完了します。1回目の学習が完了すると、モデルの初期状態は「a = [0.1, 0.2, 0.5]」、「b = 0.1」、モデルの出力は「y = 3.1」となるはずです。その後、2回目の学習では、「err = (3.1 - 10) × 0.01 = -0.069」で変数を更新し、「a = [0.169, 0.338, 0.845]」、「b = 0.169」という風に学習が進みます。

これ以上を手で計算するのは大変なので、次のようにPythonを対話モードで起動し、簡単なプログラムコードを実行してその様子を見てみましょう。

```
>>> x = [ 1, 2, 5 ]
>>> y = 10
>>> a = [ 0, 0, 0 ]
>>> b = 0
>>> def gd():
...     global x, y, a, b
...     z = a[ 0 ] * x[ 0 ] + a[ 1 ] * x[ 1 ] + a[ 2 ] * x[ 2 ] + b
...     err = ( z - y ) * 0.01
...     a[ 0 ] -= err * x[ 0 ]
...     a[ 1 ] -= err * x[ 1 ]
...     a[ 2 ] -= err * x[ 2 ]
...     b -= err
...
>>> gd()  # 1回目
>>> gd()  # 2回目
.
.
.
```

上記のコードで、関数「gd」が実行されると1回分の学習が行われます。20回の学習におけるモデルの出力値zをグラフにすると次のようになり、学習が進む都度、正解データである10に近づいていることがわかります。

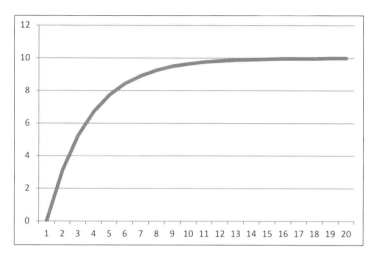

また、変数aおよびbは次のように推移します。

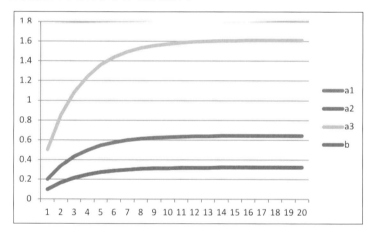

20回の学習を行うと変数aとbは、「a = [0.322, 0.645, 1.612]」、「b = 0.322」という値になり、モデルの出力値は9.994となります。学習データが1つしかないので、変数a、bの重みは、学習データの重みと等しくなるように、きれいに収束しています。

## SECTION-009

# 線形回帰モデルの実装

### ▶ 線形回帰モデルの作成

線形回帰モデルと勾配降下法について理解できたら、実際に機械学習を行うモデルを作成します。本書では先ほどのZeroRuleと同じ形式でデータを扱うクラスで機械学習モデルを作成するので、線形回帰モデルと勾配降下法はすべてクラスの中に実装します。

#### ◆ クラスの作成

まずは「linear.py」という名前のファイルを作成し、その中に「Linear」という名前のクラスを作成します。クラスの「__init__」関数では、勾配降下法で必要となるパラメーターを指定しますが、ここでは「epochs」で学習の回数を「lr」で学習率を設定するようにします。

また、後で説明するEarlyStoppingのために、「earlystop」というパラメーターも用意します。

クラス変数にはそれらのパラメーターの他に、「beta」と「norm」という変数も用意しますが、ここには、線形回帰モデルで使用する線形回帰係数と、正規化に使用する情報を保存します。

| SOURCE CODE | linear.pyのコード |

```python
import numpy as np
import support

class Linear:
  def __init__( self, epochs=20, lr=0.01, earlystop=None ):
    self.epochs = epochs
    self.lr = lr
    self.earlystop = earlystop
    self.beta = None
    self.norm = None
```

#### ◆ データの正規化

勾配降下法による線形回帰モデルの学習では、学習データから勾配を計算することになりますが、学習データに含まれるそれぞれの要素の大きさが異なっていると、勾配の前提となる正解との差分が正しく反映されません。

そこで、実際の学習を行う前に、学習させるすべての要素に対して、値の範囲が0から1になるように**正規化**する必要があります。値の正規化を行うには、まず学習データからそれぞれの要素の最小値と最大値を取得して、「self.norm」変数に保存しておきます。ここでは次のように、「self.norm」変数を(学習データの次元数+1, 2)次元の配列として作成し、最初の要素に目的変数の最小値・最大値を、その後の要素に説明変数の最小値・最大値を保存します。

■ SECTION-009 ■ 線形回帰モデルの実装

SOURCE CODE || linear.pyのコード

```python
def fitnorm( self, x, y ):
    # 学習の前に、データに含まれる値の範囲を0から1に正規化するので、
    # そのためのパラメーターを保存しておく
    self.norm = np.zeros( ( x.shape[ 1 ] + 1, 2 ) )
    self.norm[ 0,0 ] = np.min( y )   # 目的変数の最小値
    self.norm[ 0,1 ] = np.max( y )   # 目的変数の最大値
    self.norm[ 1:,0 ] = np.min( x, axis=0 )   # 説明変数の最小値
    self.norm[ 1:,1 ] = np.max( x, axis=0 )   # 説明変数の最小値
```

学習データを使用してこの「fitnorm」関数を呼び出した後で、次の「normalize」関数を使用して値の正規化を行うことができます。「normalize」関数では、「fitnorm」関数で保存した「self.norm」変数から、値の最小値・最大値をを取得し、データに含まれる値の範囲を0から1に正規化します。

SOURCE CODE || linear.pyのコード

```python
def normalize( self, x, y=None ):
    # データに含まれる値の範囲を0から1に正規化する
    l = self.norm[ 1:,1 ] - self.norm[ 1:,0 ]
    l[ l==0 ] = 1
    p = ( x - self.norm[ 1:,0 ] ) / l
    q = y
    if y is not None and not self.norm[ 0,1 ] == self.norm[ 0,0 ]:
        q = ( y - self.norm[ 0,0 ] ) / ( self.norm[ 0,1 ] - self.norm[ 0,0 ] )
    return p, q
```

値の正規化は、学習データに対して学習前に行う他、作成したモデルの実行時にも説明変数に対して行う必要があります。

◆ EarlyStopping

EarlyStoppingとは機械学習アルゴリズムにおけるテクニックの1つで、学習データに対するスコアがある程度以上になった時点で学習を終了させる手法です。

これにより、学習の回数を減らすことができる可能性がありますが、その代わりにモデルの評価を行いつつ学習を行うため、オーバーヘッドが生じる可能性もあります。EarlyStoppingはどの程度の回数学習させてよいかわからないデータに対して、大きめの学習回数を設定するときに使用すると、想定の動作を期待できます。

EarlyStoppingそれ自体は勾配降下法の学習ループ内に実装しますが、その前にEarlyStoppingで使用するスコアを計算する関数を作成します。

ここでは回帰を行うので、R2スコアを使用することにし、「r2」関数にR2スコアの計算アルゴリズムを実装します。「r2」関数は、正解となるデータとモデルの出力とを引数に取ります。それぞれのデータは、本書で使用するデータ形式に従って2次元の配列になっているので、「reshape」関数を呼び出して1次元の配列に戻した後、差の二乗和を取り「mn」変数に代入します。

■ SECTION-009 ■ 線形回帰モデルの実装

また、正解データと正解データの平均値の二乗和も計算して「dn」変数に代入します。

そして、「r2」関数の最後ではR2スコアを計算して返します。

SOURCE CODE || linear.pyのコード

```
def r2( self, y, z ):
    # EarlyStopping用にR2スコアを計算する
    y = y.reshape( ( -1, ) )
    z = z.reshape( ( -1, ) )
    mn = ( ( y - z ) ** 2 ).sum( axis=0 )
    dn = ( ( y - y.mean() ) ** 2 ).sum( axis=0 )
    if dn == 0:
        return np.inf
    return 1.0 - mn / dn
```

## ● 学習と実行アルゴリズムの実装

次に、実際の学習と、線形回帰モデルの実行を行う関数を作成します。ポイントとして、先ほど作成した「self.beta」変数が線形回帰係数を保存する変数になりますが、この変数は1次元の配列で、最初の値に切片となる値が、残りに傾きとなる値が保存されます。

つまり、「self.beta」変数は学習データの次元数+1個の要素を含む配列となります。

### ◆ 確率的勾配降下法による学習

実際の学習アルゴリズムは「fit」関数の中に作成します。注意すべき点として、学習の前に「self.fitnorm」関数と「self.normalize」を呼び出すことで、学習データの値の範囲を0から1になるように正規化しています。

その後のアルゴリズムは、基本的に勾配降下法の説明のときに紹介したPythonのコードと同じ構造をしています。機械学習では、データセット内のデータに対して1回ずつ学習を行うセットのことを「**エポック**」と呼びますが、エポック数で指定された回数だけループを回し、その中でさらにデータセット内のすべての要素に対してループを回しています。

そしてループの内側では、現在のモデルによる出力から勾配を求め、学習率を掛け合わせてモデルを更新しています。勾配降下法による学習をすべてのデータに対して行うことで、すべてのデータに対して確率的に最適化された回帰係数が求められることになります。

最後に、1エポックが終了するたびに、EarlyStoppingが有効であるかを確認して、有効であれば学習データに対するR2スコアを求めて、一定値以上になっていればループを終了します。

SOURCE CODE || linear.pyのコード

```
def fit( self, x, y ):
    # 勾配降下法による線形回帰係数の推定を行う
    # 最初に、データに含まれる値の範囲を0から1に正規化する
    self.fitnorm( x, y )
    x, y = self.normalize( x, y )
```

■ SECTION-009 ■ 線形回帰モデルの実装

```python
    # 線形回帰係数・・・配列の最初の値がy=ax+bのbに、続く値がaになる
    self.beta = np.zeros( ( x.shape[ 1 ] + 1, ) )
    # 繰り返し学習を行う
    for _ in range( self.epochs ):
        # 1エポック内でデータを繰り返す
        for p, q in zip( x, y ):
            # 現在のモデルによる出力から勾配を求める
            z = self.predict( p.reshape( ( 1, -1 ) ), normalized=True )
            z = z.reshape( ( 1, ) )
            err = ( z - q ) * self.lr
            delta = p * err
            # モデルを更新する
            self.beta[ 0 ] -= err
            self.beta[ 1: ] -= delta
        # EarlyStoppingが有効ならば
        if self.earlystop is not None:
            # スコアを求めて一定値以上なら終了
            z = self.predict( x, normalized=True )
            s = self.r2( y, z )
            if self.earlystop <= s:
                break
    return self
```

### ◆ モデルの実行

モデルの実行は、線形回帰モデルの定義に従って、「$y = a_1x_1 + a_2x_2 + \cdots + a_Nx_N + b$」という数式の結果を求めることになります。

モデルの学習時に学習データの値を正規化していたので、同じパラメーターを使用してデータを正規化し、さらに数式の結果も0から1までの範囲になるので、その値を元の範囲に戻す処理が必要になります。

ここでは「predict」関数の「normalized」引数で、あらかじめ正規化されている値を使用するかどうかを指定しています。これは、「fit」関数のEarlyStoppingの処理の際に、あらかじめ正規化されている値を入力「predict」関数へと入力できるようにしているためで、クラスを外部から使用してデータを入力するときは、「normalized」引数にはデフォルトのFalseを使用します。

**SOURCE CODE** || linear.pyのコード

```python
def predict( self, x, normalized=False ):
    # 線形回帰モデルを実行する
    # まずは値の範囲を0から1に正規化する
    if not normalized:
        x, _ = self.normalize( x )
    # 結果を計算する
    z = np.zeros( ( x.shape[ 0 ] , 1 ) ) + self.beta[ 0 ]
    for i in range( x.shape[ 1 ] ):
```

■SECTION-009■ 線形回帰モデルの実装

```
    c = x[ :,i ] * self.beta[ i + 1 ]
    z += c.reshape( ( -1, 1 ) )
    # 0から1に正規化した値を戻す
    if not normalized:
      z = z * ( self.norm[ 0,1 ] - self.norm[ 0,0 ] ) + self.norm[ 0,0 ]
    return z
```

### ▶ 線形回帰モデルの評価

以上で線形回帰モデルのアルゴリズムは実装できました。後は、検証用のデータセットに対してモデルを実行し、評価を行うためのコードを作成します。

#### ◆ モデルの表示

モデルに対する評価スコアの計算は、CHAPTER 02で作成した共通コードを使用して行いますが、そのコードではモデルの内容を出力するために、文字列型への変換ができる必要がありました。

そこで、「Linear」クラスの中に「__str__」関数を作成し、モデルの内容を文字列として出力できるようにします。モデルの内容は線形回帰モデルなので、次のように数式の内容を出力するようにします。

**SOURCE CODE** | linear.pyのコード

```
def __str__( self ):
  # モデルの内容を文字列にする
  if type( self.beta ) is not type( None ):
    s = [ '%f'%self.beta[ 0 ] ]
    e = [ ' + feat[ %d ] * %f'%( i+1, j ) for i, j in enumerate( self.beta[ 1: ] ) ]
    s.extend( e )
    return ''.join( s )
  else:
    return '0.0'
```

#### ◆ プログラムの実行

最後に、「linear.py」をプログラムとして実行した際に、ファイルを読み込んでモデルの評価を行うためのコードを作成します。ここでもCHAPTER 02で作成した共通コードを使用してプログラムの引数を取得する他、勾配降下法のパラメーターとなる引数をいくつか取得します。

取得するパラメーターは、学習回数のエポック数と学習率、EarlyStoppingを行うかどうかとEarlyStoppingを行う際に使用するスコアの値となります。

**SOURCE CODE** | linear.pyのコード

```
if __name__ == '__main__':
  import pandas as pd
  ps = support.get_base_args()
  ps.add_argument( '--epochs', '-p', type=int, default=20, help='Num of Epochs' )
```

■ SECTION-009 ■ 線形回帰モデルの実装

```python
    ps.add_argument( '--learningrate', '-l', type=float, default=0.01, help='Learning Rate' )
    ps.add_argument( '--earlystop', '-a', action='store_true', help='Early Stopping' )
    ps.add_argument( '--stopingvalue', '-v', type=float, default=0.01, help='Early Stopping' )
    args = ps.parse_args()

    df = pd.read_csv( args.input, sep=args.separator, header=args.header, index_col=args.indexcol )
    x = df[ df.columns[ :-1 ] ].values

    if not args.regression:
      print( 'Not Support' )
    else:
      y = df[ df.columns[ -1 ] ].values.reshape( ( -1, 1 ) )
      if args.earlystop:
        plf = Linear( epochs=args.epochs, lr=args.learningrate, earlystop=args.stopingvalue )
      else:
        plf = Linear( epochs=args.epochs, lr=args.learningrate )
      support.report_regressor( plf, x, y, args.crossvalidate )
```

◆ 最終的なコード

　以上の内容をつなげると、勾配降下法による線形回帰モデルの学習と、評価を行うプログラムが完成します。最終的な「linear.py」の内容は、次のようになります。

**SOURCE CODE** ‖ linear.pyのコード

```python
import numpy as np
import support

class Linear:
  def __init__( self, epochs=20, lr=0.01, earlystop=None ):
    self.epochs = epochs
    self.lr = lr
    self.earlystop = earlystop
    self.beta = None
    self.norm = None

  def fitnorm( self, x, y ):
    # 学習の前に、データに含まれる値の範囲を0から1に正規化するので、
    # そのためのパラメーターを保存しておく
    self.norm = np.zeros( ( x.shape[ 1 ] + 1, 2 ) )
    self.norm[ 0,0 ] = np.min( y )    # 目的変数の最小値
    self.norm[ 0,1 ] = np.max( y )    # 目的変数の最大値
    self.norm[ 1:,0 ] = np.min( x, axis=0 )   # 説明変数の最小値
    self.norm[ 1:,1 ] = np.max( x, axis=0 )   # 説明変数の最小値

  def normalize( self, x, y=None ):
    # データに含まれる値の範囲を0から1に正規化する
    l = self.norm[ 1:,1 ] - self.norm[ 1:,0 ]
```

73

■ SECTION-009 ■ 線形回帰モデルの実装

```python
      l[ l==0 ] = 1
      p = ( x - self.norm[ 1:,0 ] ) / l
      q = y
      if y is not None and not self.norm[ 0,1 ] == self.norm[ 0,0 ]:
        q = ( y - self.norm[ 0,0 ] ) / ( self.norm[ 0,1 ] - self.norm[ 0,0 ] )
      return p, q

  def r2( self, y, z ):
      # EarlyStopping用にR2スコアを計算する
      y = y.reshape( ( -1, ) )
      z = z.reshape( ( -1, ) )
      mn = ( ( y - z ) ** 2 ).sum( axis=0 )
      dn = ( ( y - y.mean() ) ** 2 ).sum( axis=0 )
      if dn == 0:
        return np.inf
      return 1.0 - mn / dn

  def fit( self, x, y ):
      # 勾配降下法による線形回帰係数の推定を行う
      # 最初に、データに含まれる値の範囲を0から1に正規化する
      self.fitnorm( x, y )
      x, y = self.normalize( x, y )
      # 線形回帰係数・・・配列の最初の値がy=ax+bのbに、続く値がaになる
      self.beta = np.zeros( ( x.shape[ 1 ] + 1, ) )
      # 繰り返し学習を行う
      for _ in range( self.epochs ):
        # 1エポック内でデータを繰り返す
        for p, q in zip( x, y ):
          # 現在のモデルによる出力から勾配を求める
          z = self.predict( p.reshape( ( 1, -1 ) ), normalized=True )
          z = z.reshape( ( 1, ) )
          err = ( z - q ) * self.lr
          delta = p * err
          # モデルを更新する
          self.beta[ 0 ] -= err
          self.beta[ 1: ] -= delta
        # EarlyStoppingが有効ならば
        if self.earlystop is not None:
          # スコアを求めて一定値以上なら終了
          z = self.predict( x, normalized=True )
          s = self.r2( y, z )
          if self.earlystop <= s:
            break
      return self

  def predict( self, x, normalized=False ):
      # 線形回帰モデルを実行する
```

74

■ SECTION-009 ■ 線形回帰モデルの実装

```python
    # まずは値の範囲を0から1に正規化する
    if not normalized:
      x, _ = self.normalize( x )
    # 結果を計算する
    z = np.zeros( ( x.shape[ 0 ] , 1 ) ) + self.beta[ 0 ]
    for i in range( x.shape[ 1 ] ):
      c = x[ :,i ] * self.beta[ i + 1 ]
      z += c.reshape( ( -1, 1 ) )
    # 0から1に正規化した値を戻す
    if not normalized:
      z = z * ( self.norm[ 0,1 ] - self.norm[ 0,0 ] ) + self.norm[ 0,0 ]
    return z

  def __str__( self ):
    # モデルの内容を文字列にする
    if type( self.beta ) is not type( None ):
      s = [ '%f'%self.beta[ 0 ] ]
      e = [ ' + feat[ %d ] * %f'%( i+1, j ) for i, j in enumerate( self.beta[ 1: ] ) ]
      s.extend( e )
      return ''.join( s )
    else:
      return '0.0'


if __name__ == '__main__':
  import pandas as pd
  ps = support.get_base_args()
  ps.add_argument( '--epochs', '-p', type=int, default=20, help='Num of Epochs' )
  ps.add_argument( '--learningrate', '-l', type=float, default=0.01, help='Learning Rate' )
  ps.add_argument( '--earlystop', '-a', action='store_true', help='Early Stopping' )
  ps.add_argument( '--stopingvalue', '-v', type=float, default=0.01, help='Early Stopping' )
  args = ps.parse_args()

  df = pd.read_csv( args.input, sep=args.separator, header=args.header, index_col=args.indexcol )
  x = df[ df.columns[ :-1 ] ].values

  if not args.regression:
    print( 'Not Support' )
  else:
    y = df[ df.columns[ -1 ] ].values.reshape( ( -1, 1 ) )
    if args.earlystop:
      plf = Linear( epochs=args.epochs, lr=args.learningrate, earlystop=args.stopingvalue )
    else:
      plf = Linear( epochs=args.epochs, lr=args.learningrate )
    support.report_regressor( plf, x, y, args.crossvalidate )
```

■ SECTION-009 ■ 線形回帰モデルの実装

◆ 線形回帰モデルの実行

「linear.py」が完成したら、このプログラムを、CHAPTER 01でダウンロードした検証用のデータセットに対して実行します。

線形回帰モデルでは回帰のみを評価するので、利用するデータセットは「Airfoil Self-Noise」「Wine Quality」から「airfoil_self_noise.dat」「winequality-red.csv」「winequality-white.csv」の3つのファイルとなります。

それぞれのファイルは、区切り文字やヘッダーの行数が異なっているので、それらをコマンドライン引数で指定して、プログラムを実行する必要があります。また、プログラムの引数で、回帰を表す「-r」を指定する必要もあります。

たとえば、「airfoil_self_noise.dat」に対して学習を行い、スコアを表示するには、次のようにします。

```
$ python3 linear.py -i airfoil_self_noise.dat -s '\t' -r
Model:
0.843991 + feat[ 1 ] * -0.668163 + feat[ 2 ] * -0.185355 + feat[ 3 ] * -0.280350 + feat[
4 ] * 0.118200 + feat[ 5 ] * -0.299575
Train Score:
  R2 Score: 0.500236
  Explained Variance Score: 0.508221
  Mean Absolute Error: 3.763084
  Mean Squared Error: 23.768671
```

上記のようにプログラムを実行すると、読み込んだデータを学習用データと評価用データに分割し、学習したモデルの情報を表示します。ここでは「Model:」の次に、線形回帰係数が表示されています（線形回帰係数は正規化後のデータに対するものです）。

また、評価用データに対するスコアも表示されます。

さらに、交差検証を行ったスコアを表示するには、「-c」を付けて次のようにプログラムを実行します。

```
$ python3 linear.py -i airfoil_self_noise.dat -s '\t' -r -c
$ python3 linear.py -i winequality-red.csv -s ';' -e 1 -r -c
$ python3 linear.py -i winequality-white.csv -s ';' -e 1 -r -c
```

交差検証で表示されるスコアの方が、機械学習モデルの評価値としてはより望ましいものとなります。

■ SECTION-009 ■ 線形回帰モデルの実装

また、学習回数のエポック数を指定するには、「-p」オプションを付け、次のようにします。

```
# エポック数＝5
$ python3 linear.py -i airfoil_self_noise.dat -s '\t' -r -c -p 5
$ python3 linear.py -i winequality-red.csv -s ';' -e 1 -r -c -p 5
$ python3 linear.py -i winequality-white.csv -s ';' -e 1 -r -c -p 5
# エポック数＝100
$ python3 linear.py -i airfoil_self_noise.dat -s '\t' -r -c -p 100
$ python3 linear.py -i winequality-red.csv -s ';' -e 1 -r -c -p 100
$ python3 linear.py -i winequality-white.csv -s ';' -e 1 -r -c -p 100
```

すべての検証用データセットに対して、エポック数と交差検証を指定してプログラムを実行した結果は、次のようになります。

| target | function | 線形回帰モデル | | | ベンチマーク | | | |
|---|---|---|---|---|---|---|---|---|
| | | epochs=5 | epochs=20 | epochs=100 | SVM | GaussianProcess | KNeighbors | MLP |
| airfoil | R2Score | 0.26234 | 0.48599 | 0.48906 | 0.09629 | 0.06973 | 0.22885 | -0.00125 |
| | MeanSquared | 34.636 | 24.044 | 23.889 | 42.877 | 44.022 | 36.365 | 47.588 |
| winequality-red | R2Score | 0.30965 | 0.34018 | 0.33567 | 0.26288 | 0.23257 | 0.12961 | 0.24626 |
| | MeanSquared | 0.45015 | 0.42959 | 0.43222 | 0.47712 | 0.49794 | 0.56409 | 0.48971 |
| winequality-white | R2Score | 0.25676 | 0.25522 | 0.25462 | 0.29827 | 0.24999 | 0.15044 | 0.24795 |
| | MeanSquared | 0.58076 | 0.58186 | 0.58235 | 0.55013 | 0.58800 | 0.66553 | 0.58897 |

ベンチマークとなるアルゴリズムと比較すると、ほぼすべてのパターンでより良いスコアが現れています（例外は「winequality-white.csv」に対するサポートベクターマシンです）。

また、学習回数で見ると、「airfoil_self_noise.dat」ではエポック数が増えるに従ってモデルの性能は良くなる（R2スコアは上昇、誤差二乗平均は減少する）ものの、「winequality-red.csv」と「winequality-white.csv」ではある程度以上エポック数が増えてもスコアが上昇しなくなる傾向が見られます。

# CHAPTER 04
## 決定木アルゴリズム

# SECTION-010
# 決定木アルゴリズム

## ● 決定木アルゴリズムとは

この章では、アンサンブル学習のベースとしてよく利用される、決定木というアルゴリズムを実装します。決定木アルゴリズムは、条件による分岐を根からたどることで、最も条件に合致する葉を検索するというアルゴリズムで、IF～THENルーチンと等価に変換することができます。

機械学習における決定木は、学習データをもとにして、説明変数からなる条件式をノードにすることで、説明変数に対するモデルを含む葉を検索することになります。

ここではまず、**決定木アルゴリズム**について簡単に説明しておきます。

### ◆ 枝と葉

決定木アルゴリズムで作成されるモデルは、ある1つのノードが**根**となり、そのノードから伸びる複数の**枝**が、次のノードまたは**葉**を示す構造をしています。下図は、深さ=1と深さ=2の決定木を表しています。

● 決定木アルゴリズム

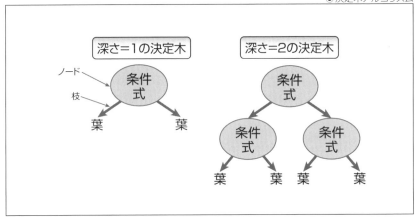

この図において、ノードからは常に2つの枝が伸びており、データ構造としては「**二分木（バイナリツリー）**」という構造をしています。

決定木を使用した機械学習では、各ノードには、学習データのうち説明変数からなる条件式が入ることになります。そうすると、ある入力に対して決定木をたどっていけば、いずれかの葉にたどり着くことになります。

## ◆ 決定木によるデータの分割

言い換えるとデータセットに含まれるデータは、すべていずれかの葉に属することになるわけで、このことは、決定木は、データを葉の数に分割するということを表しています。

そして、データを葉の数に分割し、それぞれの葉でクラス分類や回帰のモデルを適用することで、全体としてより望ましいモデルを構築することが決定木アルゴリズムの目的とします。

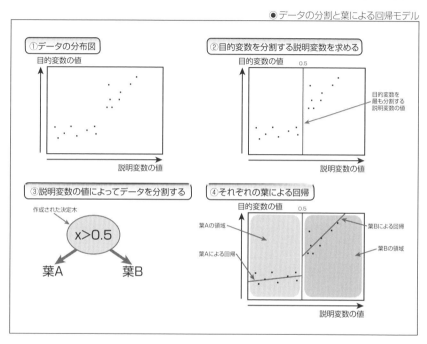

●データの分割と葉による回帰モデル

上図は、深さ=1の決定木によるデータの分割と、それぞれの葉による回帰モデルの実行を表しています。

図中①の分布図では、データは一次元の目的変数から値を求める回帰問題を表しており、横軸か説明変数、縦軸が目的変数となります。図を見ると、データが大きく分けて2つの傾向に分かれていることがわかります。このデータを分割する場合、まず最もよく目的変数を分割する、説明変数の条件を検索します。その結果が図中②の縦線で、説明変数の値=0.5を境に、目的変数を分割できることを表してします。そうして作成した決定木が図中③となり、条件式によってデータを葉Aと葉Bに分割するアルゴリズムを表しています。最後に図中④では、葉Aによる回帰と葉Bによる回帰のモデルを表しています。

葉Aと葉Bは共に線形回帰モデルであり、モデルは直線で表されていますが、図全体で見ると、説明変数の値=0.5を境界とした非線形なモデルとなっていることがわかります。

このように、決定木は、それが単体の機械学習モデルというわけではなく、基本的にはデータの分割に関するアルゴリズムであり、葉となる機械学習モデルと組み合わせて利用されます。

■ SECTION-010 ■ 決定木アルゴリズム

葉の部分で利用できるモデルは、データの部分集合に対して学習と実行を行えるモデルであれば何でもよいのですが、決定木の葉の部分にあまり複雑なモデルを使用することは、一般的には行われません。

本書では、前章で実装した、ZeroRuleと線形回帰モデルという2つのアルゴリズムを葉のモデルとして採用します。

◆ 木の分割

決定木による分割それ自体も機械学習アルゴリズムの一種であり、学習データからモデルを作成します。決定木の学習では、まず深さの浅い決定木を作成し、その葉の部分に新しいノードを追加していくことで、順次より深さの深い決定木を作成します。このような、葉を新しいノードとしてデータを分割していくことを、木の分割と呼びます。

●木の分割

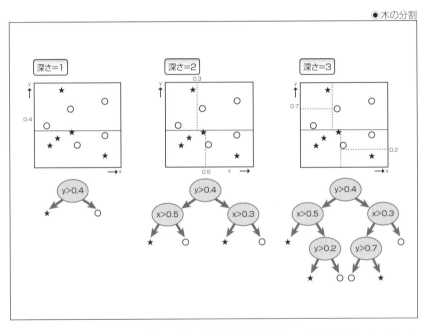

上図は、木の分割によってより深さの深い決定木が作成されていく様子を表しています。この場合の図は、二次元上の座標を「○」と「★」に分割するクラス分類を表しており、図中の横軸と縦軸の両方が説明変数です。この場合の葉は、ZeroRuleによるクラス分類を想定しているので、葉の部分は「領域に最も多く含まれている値」を返すモデルとなります。

まず、根となるノードでは、縦軸の値のみを見ることで、図を水平に分割しています。そして次に、分割された領域それぞれで横軸の値を見て、図の中の部分を垂直に分割しています。最終的に、深さ=3の決定木を使用して、図中のすべてのデータを正しく分類するモデルが作成されました。

■ SECTION-010 ■ 決定木アルゴリズム

この決定木では、それぞれのノードでは一度に説明変数内の1つの値しか見ていません。つまり、ノード内にある条件式は横軸または縦軸のどちらかの値によって処理を振り分けるので、図中のすべての分割線は、水平または垂直になっています。

そのように、単純な条件式のみからなるノードでも、木の深さを深くしてやることで複雑なデータの分割を可能とするのが、決定木アルゴリズムの特徴となります。

## Metrics関数

さて、前述のように決定木アルゴリズムでは、説明変数からなる条件式で、最もよく目的変数を分割できる条件をもとにノードを作成します。

ここで、「最もよく」目的変数を分割するために、目的変数の分割の良さを数値で比較できるスコアとする必要があります。そのために使用するのが、損失関数またはMetrics関数と呼ばれる関数で、この関数でノード内の条件式を評価し、最もよく目的変数を分割できるように学習を行います。

なお、本書では、ニューラルネットワークなどに対する学習で使用される損失関数と混同するのを避けるため、**Metrics関数**と呼びますが、ニューラルネットワークにおける損失関数ではニューラルネットワークの出力と正解データとの差を返すのに対して、ここで紹介するMetrics関数では関数の入力は目的変数（正解データ）のみであり、分割後の目的変数に含まれている情報量を返すという違いがあります。

### ◆ 標準偏差

まずは回帰において使用されるMetrics関数として、標準偏差の合計が挙げられます。これは、目的変数を分割する際に、分割後のグループごとの標準偏差を取り、その合計が少ないほど良くデータを分割できているとするものです。画像処理アルゴリズムに詳しい方であれば、大津メソッドによる画像の二値化と同じ発想によるデータの分割であると気付くでしょう。

下図は分散による目的変数の分割を表していますが、図中のグラフは目的変数のヒストグラムであり、目的変数の値の数が縦軸になっています。

分割する値の前後での標準偏差が最も小さな箇所で値を分割することで、目的変数を最も分離したグループに分けることができます。

83

●分散によるデータの分割

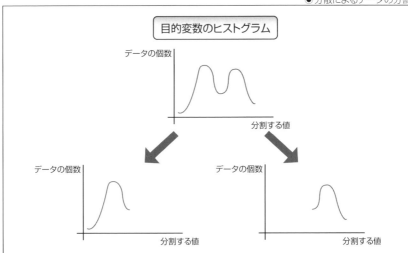

　分散は平均値からの差分の二乗平均で、標準偏差は分散の平方根なので、次の関数で求めることができます。なお、ここで作成するMetrics関数は、「entropy.py」という名前のファイルに作成して、後で紹介する決定木アルゴリズムでインポートして使用します。

**SOURCE CODE** | entropy.pyのコード

```
import numpy as np

def deviation_org( y ):
    d = y - y.mean()
    s = d ** 2
    return np.sqrt( s.mean() )
```

　上記のコードは標準偏差の定義から直接、実装しましたが、Numpyの「std」関数を使用して直接、求めることもできます。

**SOURCE CODE** | entropy.pyのコード

```
def deviation( y ):
    return y.std()
```

◆ Gini impurity

　次に、クラス分類におけるMetrics関数を紹介します。
　クラス分類では、目的変数はクラスを表す番号であり、値そのものの比較に意味はないので、与えられた目的変数のリスト内が、どのくらい単一のクラスからなっているかを評価することになります。
　そのために使用される**Gini impurity**は、ジニ不純物とも呼ばれ、与えられたリスト内の不純物の量を評価する関数です。経済学で使われるジニ係数（Gini coefficient）とは異なるので注意してください。

■ SECTION-010 ■ 決定木アルゴリズム

　Gini impurityの定義は下記の数式で表されます。数式内の、nはデータに含まれるクラスの個数、$p_i$はデータがクラスiである確率を表しています。これは、リスト内の分布に従ってランダムにラベル付けを行った場合の、誤ってラベル付けされる確率と等価であり、リスト内が単一のクラスで占められている場合のスコアは0となります。

　Gini impurityを理解するには、すべてのクラスの番号が振られているクジを考えて、ランダムにクジ引きでラベル付けを行うことを考えます。クラスiに対するクジ引きで誤ってラベル付けされる確率は「$1 - p_i$」であり、そのクラスがリスト内に存在する割合を重みとして掛け、全クラスについて合算するとGini impurityになります。

$$Gini(p) = \sum_{i=1}^{n} p_i(1 - p_i) = 1 - \sum_{i=1}^{n} p_i^2$$

　上記のGini impurityの定義を、そのままPythonのコードで実装すると次のようになります。ここでは目的変数内のクラスの数をカウントするために、Python標準パッケージの「Counter」クラスを使用しています。

**SOURCE CODE** ‖ entropy.pyのコード

```python
from collections import Counter

def gini_org( y ):
  i = y.argmax( axis=1 )
  clz = set( i )
  c = Counter( i )
  size = y.shape[ 0 ]
  score = 0.0
  for val in clz:
    score += ( c[ val ] / size ) ** 2
  return 1.0 - score
```

　ところで、本書で使用する共通コードでは、目的変数はクラスに属する確率を表す二次元配列でした。そして、学習時に使用する目的変数は、クラスを表す確率が0か1のみからなるので、目的変数の二次元配列を、データの個数軸の方向に合算してやれば、そのクラスに属するデータの個数がカウントできます。

　それを利用して、上記のコードをより単純な関数で実装すると、そのコードは次のようになり、こちらの方が若干、高速に動作します。Metrics関数は決定木の学習において多くの回数が実行されるので、実行効率の最適化は重要となります。

**SOURCE CODE** ‖ entropy.pyのコード

```python
def gini( y ):
  m = y.sum( axis=0 )
  size = y.shape[ 0 ]
  e = [ ( p / size ) ** 2 for p in m ]
  return 1.0 - np.sum( e )
```

■ SECTION-010 ■ 決定木アルゴリズム

## ◆Information gain

クラス分類で使用されるMetrics関数としてもう1つ、**Information gain**も紹介します。これは、情報理論で使用するエントロピーに基づく関数で、分割後の目的変数に含まれる情報量が少なくなるように分割点を求めます。

Information gainの正しい定義は、もとの集合のエントロピーから、分割後の集合のエントロピーの重み付き合計を引いた値で、その値が大きくなるような分割を目指します。決定木の場合、親ノードから与えられたデータのエントロピーから子ノードに渡すデータのエントロピーの合計を引いたものが、ノード内の条件式が持っている情報量ということになるので、Information gainはノード内の条件式が持つ情報量を最大化するようにデータを分割するMetrics関数ともいえます。

ここでは決定木におけるノードの1つの分割を考えるので、単純に分割後のエントロピーの合計が小さくなるように、目的変数を分割するようにします。エントロピーの定義は次の数式で表されます。数式内の、$n$はデータに含まれるクラスの個数、$p_i$はデータがクラス$i$である確率を表しています。

$$Entropy(p) = -\sum_{i=1}^{n} p_i \log_2(p_i)$$

上記の定義を、そのままPythonのコードで実装すると次のようになります。

**SOURCE CODE** | entropy.pyのコード

```python
def infgain_org( y ):
  i = y.argmax( axis=1 )
  clz = set( i )
  c = Counter( i )
  size = y.shape[ 0 ]
  score = 0.0
  for val in clz:
    p = c[ val ] / size
    if p != 0:
      score += p * np.log2( p )
  return -score
```

先ほどと同様に、本書で共通して使用するデータ形式の特長を生かして単純化したコードを作成すると、次のようになります。

**SOURCE CODE** | entropy.pyのコード

```python
def infgain( y ):
  m = y.sum( axis=0 )
  size = y.shape[ 0 ]
  e = [ p * np.log2( p / size ) / size for p in m if p != 0.0 ]
  return -np.sum( e )
```

■ SECTION-010 ■ 決定木アルゴリズム

　ここで作成した関数は「entropy.py」内に保存します。作成した関数はすべて小さなもので、コードを部分ごとに分割して紹介する必要がなかったので、「entropy.py」全体の掲載は割愛します。ファイル全体が必要な方は、C&R研究所のホームページからソースコードをダウンロードしてください（5ページ参照）。

04
CHAPTER

決定木アルゴリズム

## SECTION-011

# DecisionStumpの実装

### DecisionStumpとは

DecisionStumpとは、アルゴリズムの評価に使用される最もシンプルな構造をした決定木で、深さが1の決定木のことです。DecisionStumpには、ノードが1つと葉が2つの要素しかありませんが、データの分割と葉によるモデルの結合という決定木アルゴリズムの基礎が含まれており、参考文献[4-1]で解説されているように、データの分割アルゴリズムなどの評価に用いられます。

また、DecisionStumpはアンサンブル学習のアルゴリズムを評価する際のベースにも使用されます。アルゴリズムを評価する際のベースとしては、複雑なモデルを使用しても、ベースのモデルの性能として良い結果が出ているのか、アンサンブル学習アルゴリズムの性能として良い結果が出ているのかがわからないため、最もシンプルな構造をした決定木であるDecisionStumpが使用されます。

### 木分割の実装

それでは実際にDecisionStumpの実装を行っていきます。これまでと同様、DecisionStumpの実装もクラスとして作成するので、まずは「dstump.py」というファイルに、下記のクラスを作成します。

ここで作成する「DecisionStump」クラスには、使用するMetrics関数を表す「metric」変数、葉のモデルを表す「leaf」変数、さらに左右の葉となるモデルのインスタンスである「left」と「right」変数、分割に使用する目的変数の次元の位置と値を表す「feat_index」と「feat_val」変数を作成します。また、後の章で使用する目的で、分割の際のMetrics関数の値を表す「score」変数も作成しまておきます。

```
SOURCE CODE    dstump.pyのコード

import numpy as np
import support
import entropy
from zeror import ZeroRule
from linear import Linear


class DecisionStump:
  def __init__( self, metric=entropy.gini, leaf=ZeroRule ):
    self.metric = metric
    self.leaf = leaf
    self.left = None
    self.right = None
    self.feat_index = 0
    self.feat_val = np.nan
    self.score = np.nan
```

[4-1] Wayne Iba, Pat Langley. Induction of One-Level Decision Trees. ML92: Proceedings of the Ninth International Conference on Machine Learning 233-240, 1992.
http://lyonesse.stanford.edu/~langley/papers/stump.ml92.pdf

■ SECTION-011 ■ DecisionStumpの実装

◆ 左右のインデックスを取得する

そして、この「DecisionStump」クラス内に、決定木アルゴリズムに必要となる機能を実装していきます。

まず作成するのは、目的変数から取得した値の配列を、特定の値より小さなものとそれ以外に分ける関数で、「make_split」という名前の関数を作成します。この関数は、一次元の数値からなる配列を、与えられた値で分割した際のインデックスを返します。

SOURCE CODE ‖ dstump.pyのコード

```python
def make_split( self, feat, val ):
    # featをval以下と以上で分割するインデックスを返す
    left, right = [], []
    for i, v in enumerate( feat ):
        if v < val:
            left.append( i )
        else:
            right.append( i )
    return left, right
```

◆ 分割した後のスコアを計算する

次に作成するのは、前節で作成したMetrics関数を使用して、分割した後のスコアを計算する関数で、「make_loss」という名前の関数を作成します。この関数では「self.metric」変数にMetrics関数が代入されているという前提で、そのスコアの重み付き合計を求めます。関数の引数は、「y1」と「y2」が左右に分割した目的変数、「l」と「r」がその全体の中でのインデックスとなります。

SOURCE CODE ‖ dstump.pyのコード

```python
def make_loss( self, y1, y2, l, r ):
    # yをy1とy2で分割したときのMetrics関数の重み付き合計を返す
    if y1.shape[ 0 ] == 0 or y2.shape[ 0 ] == 0:
        return np.inf
    total = y1.shape[ 0 ] + y2.shape[ 0 ]
    m1 = self.metric( y1 ) * ( y1.shape[ 0 ] / total )
    m2 = self.metric( y2 ) * ( y2.shape[ 0 ] / total )
    return m1 + m2
```

◆ データを左右に分割する

次に作成するのは、説明変数と目的変数から、データを左右の枝に振り分ける関数で、「split_tree」という名前の関数を作成します。この関数では、説明変数内のすべての次元に対して、その中の値でデータを分割した際のスコアを計算します。そして、そのスコアが最も小さくなる、説明変数内の次元の位置と、分割値を、「self.feat_index」と「self.feat_val」変数に保存しておきます。

「self.score」変数には、データを分割した際のスコアを保存しておきますが、この変数はこの章では使用せず、後の章で使用します。

■ SECTION-011 ■ DecisionStumpの実装

そして最後に、この関数は、分割した後の左右の葉に振り分けられるデータのインデックスを返します。

SOURCE CODE | dstump.pyのコード

```python
def split_tree( self, x, y ):
    # データを分割して左右の枝に属するインデックスを返す
    self.feat_index = 0
    self.feat_val = np.inf
    score = np.inf
    # 左右のインデックス
    left, right = list( range( x.shape[0] ) ), []
    # 説明変数内のすべての次元に対して
    for i in range( x.shape[1] ):
        feat = x[ :,i ] # その次元の値の配列
        for val in feat:
            # 最もよく分割する値を探す
            l, r = self.make_split( feat, val )
            loss = self.make_loss( y[ l ], y[ r ], l, r )
            if score > loss:
                score = loss
                left = l
                right = r
                self.feat_index = i
                self.feat_val = val
    self.score = score   # 最良の分割点のスコア
    return left, right
```

## 学習と実行アルゴリズムの実装

以上で決定木アルゴリズムを実装する準備が整ったので、DecisionStumpの学習とモデルの実行を行うコードを作成していきます。

### 学習アルゴリズムを実装する

DecisionStumpは深さが1の決定木なので、学習のためのコードは、データを左右の葉に振り分けて、それぞれの葉の学習を行うのみとなります。「self.leaf」変数に葉となるモデルが入っているので、それを呼び出してインスタンス化しておき、「split_tree」関数で左右の葉に振り分けたデータを学習させます。

注意点として、必ずしも左右に値が振り分けられるとは限らず、どちらか一方の葉のみにデータが集中する可能性もあるので、if文でデータの長さをチェックしてから学習を行います。

SOURCE CODE | dstump.pyのコード

```python
def fit( self, x, y ):
    # 左右の葉を作成する
    self.left = self.leaf()
    self.right = self.leaf()
```

■ SECTION-011 ■ DecisionStumpの実装

```python
    # データを左右の葉に振り分ける
    left, right = self.split_tree( x, y )
    # 左右の葉を学習させる
    if len( left ) > 0:
        self.left.fit( x[ left ], y[ left ] )
    if len( right ) > 0:
        self.right.fit( x[ right ], y[ right ] )
    return self
```

◆ モデルの実行を実装する

DecisionStumpの実行についても、左右の葉へデータを振り分けて、それぞれの葉のモデルの実行結果から、最終的な出力を作成するのみとなります。

データを左右の葉へと振り分けるのは「make_split」関数を使用し、左右ともにデータがあれば、左右の葉の実行結果をそのインデックスに代入して最終的な結果とします。

また、左右いずれかのみにデータがある場合は、左右の葉いずれかの実行結果が最終的な結果となります。

**SOURCE CODE** ‖ dstump.pyのコード

```python
def predict( self, x ):
    # 説明変数から分割した左右のインデックスを取得
    feat = x[ :,self.feat_index ]
    val = self.feat_val
    l, r = self.make_split( feat, val )
    # 左右の葉を実行して結果を作成する
    z = None
    if len( l ) > 0 and len( r ) > 0:
        left = self.left.predict( x[ l ] )
        right = self.right.predict( x[ r ] )
        z = np.zeros( ( x.shape[0], left.shape[1] ) )
        z[ l ] = left
        z[ r ] = right
    elif len( l ) > 0:
        z = self.left.predict( x )
    elif len( r ) > 0:
        z = self.right.predict( x )
    return z
```

■ SECTION-011 ■ DecisionStumpの実装

## ● DecisionStumpの評価

以上でDecisionStumpのアルゴリズムは実装できました。後は、検証用のデータセットに対してモデルを実行し、評価を行うためのコードを作成します。

### ◆ モデルの表示

ここでも前章と同様、モデルに対する評価スコアを計算して、さらにモデルの内容を表示します。

まずモデルの内容を表示するために、そこで、「DecisionStump」クラスの中に「__str__」関数を作成して、モデルの内容を表示できるようにします。

モデルの内容は深さが1の決定木なので、次のように「if～else」で条件式の内容を表示し、さらに葉のモデルを文字列に変換したものをその中で表示するようにします。

**SOURCE CODE** || dstump.pyのコード

```python
def __str__( self ):
  return '\n'.join([
    ' if feat[ %d ] <= %f then:'%( self.feat_index, self.feat_val ),
    '    %s'%( self.left, ),
    ' else',
    '    %s'%( self.right, ) ] )
```

### ◆ プログラムの実行

最後に、「dstump.py」をプログラムとして実行する際に、Metrics関数や葉のモデルをオプション引数から指定できるようにします。作成するオプション引数は「-m」と「-l」で、それぞれ文字列の「div」「infgain」「gini」と、「zeror」「linear」を指定することで、Metrics関数と葉のモデルを指定できます。

Metrics関数の「div」は回帰、「infgain」と「gini」はクラス分類用の関数で、葉の「linear」は回帰用、「zeror」は回帰とクラス分類の両方で使用できるオプション引数となります。

**SOURCE CODE** || dstump.pyのコード

```python
if __name__ == '__main__':
  import pandas as pd
  ps = support.get_base_args()
  ps.add_argument( '--metric', '-m', default='', help='Metric function' )
  ps.add_argument( '--leaf', '-l', default='', help='Leaf class' )
  args = ps.parse_args()

  df = pd.read_csv( args.input, sep=args.separator, header=args.header, index_col=args.indexcol )
  x = df[ df.columns[ :-1 ] ].values

  if args.metric == 'div':
    mt = entropy.deviation
  elif args.metric == 'infgain':
```

■ SECTION-011 ■ DecisionStumpの実装

```python
        mt = entropy.infgain
    elif args.metric == 'gini':
        mt = entropy.gini
    else:
        mt = None

    if args.leaf == 'zeror':
        lf = ZeroRule
    elif args.leaf == 'linear':
        lf = Linear
    else:
        lf = None

    if not args.regression:
        y, clz = support.clz_to_prob( df[ df.columns[ -1 ] ] )
        if mt is None:
            mt = entropy.gini
        if lf is None:
            lf = ZeroRule
        plf = DecisionStump( metric=mt, leaf=lf )
        support.report_classifier( plf, x, y, clz, args.crossvalidate )
    else:
        y = df[ df.columns[ -1 ] ].values.reshape( ( -1, 1 ) )
        if mt is None:
            mt = entropy.deviation
        if lf is None:
            lf = Linear
        plf = DecisionStump( metric=mt, leaf=lf )
        support.report_regressor( plf, x, y, args.crossvalidate )
```

◆ 最終的なコード

　以上の内容をつなげると、DecisionStumpモデルの学習と、評価を行うプログラムが完成します。最終的な「dstump.py」の内容は、次のようになります。

**SOURCE CODE** | dstump.pyのコード

```python
import numpy as np
import support
import entropy
from zeror import ZeroRule
from linear import Linear

class DecisionStump:
    def __init__( self, metric=entropy.gini, leaf=ZeroRule ):
        self.metric = metric
        self.leaf = leaf
        self.left = None
```

■ SECTION-011 ■ DecisionStumpの実装

```python
        self.right = None
        self.feat_index = 0
        self.feat_val = np.nan
        self.score = np.nan

    def make_split( self, feat, val ):
        # featをval以下と以上で分割するインデックスを返す
        left, right = [], []
        for i, v in enumerate( feat ):
            if v < val:
                left.append( i )
            else:
                right.append( i )
        return left, right

    def make_loss( self, y1, y2, l, r ):
        # yをy1とy2で分割したときのMetrics関数の重み付き合計を返す
        if y1.shape[ 0 ] == 0 or y2.shape[ 0 ] == 0:
            return np.inf
        total = y1.shape[ 0 ] + y2.shape[ 0 ]
        m1 = self.metric( y1 ) * ( y1.shape[ 0 ] / total )
        m2 = self.metric( y2 ) * ( y2.shape[ 0 ] / total )
        return m1 + m2

    def split_tree( self, x, y ):
        # データを分割して左右の枝に属するインデックスを返す
        self.feat_index = 0
        self.feat_val = np.inf
        score = np.inf
        # 左右のインデックス
        left, right = list( range( x.shape[0] ) ), []
        # 説明変数内のすべての次元に対して
        for i in range( x.shape[1] ):
            feat = x[ :,i ] # その次元の値の配列
            for val in feat:
                # 最もよく分割する値を探す
                l, r = self.make_split( feat, val )
                loss = self.make_loss( y[ l ], y[ r ], l, r )
                if score > loss:
                    score = loss
                    left = l
                    right = r
                    self.feat_index = i
                    self.feat_val = val
        self.score = score  # 最良の分割点のスコア
        return left, right
```

94

■ SECTION-011 ■ DecisionStumpの実装

```python
    def fit( self, x, y ):
        # 左右の葉を作成する
        self.left = self.leaf()
        self.right = self.leaf()
        # データを左右の葉に振り分ける
        left, right = self.split_tree( x, y )
        # 左右の葉を学習させる
        if len( left ) > 0:
            self.left.fit( x[ left ], y[ left ] )
        if len( right ) > 0:
            self.right.fit( x[ right ], y[ right ] )
        return self

    def predict( self, x ):
        # 説明変数から分割した左右のインデックスを取得
        feat = x[ :,self.feat_index ]
        val = self.feat_val
        l, r = self.make_split( feat, val )
        # 左右の葉を実行して結果を作成する
        z = None
        if len( l ) > 0 and len( r ) > 0:
            left = self.left.predict( x[ l ] )
            right = self.right.predict( x[ r ] )
            z = np.zeros( ( x.shape[0], left.shape[1] ) )
            z[ l ] = left
            z[ r ] = right
        elif len( l ) > 0:
            z = self.left.predict( x )
        elif len( r ) > 0:
            z = self.right.predict( x )
        return z

    def __str__( self ):
        return '\n'.join([
            ' if feat[ %d ] <= %f then:'%( self.feat_index, self.feat_val ),
            '   %s'%( self.left, ),
            ' else',
            '   %s'%( self.right, ) ] )


if __name__ == '__main__':
    import pandas as pd
    ps = support.get_base_args()
    ps.add_argument( '--metric', '-m', default='', help='Metric function' )
    ps.add_argument( '--leaf', '-l', default='', help='Leaf class' )
    args = ps.parse_args()
```

■ SECTION-011 ■ DecisionStumpの実装

```python
df = pd.read_csv( args.input, sep=args.separator, header=args.header, index_col=args.indexcol )
x = df[ df.columns[ :-1 ] ].values

if args.metric == 'div':
  mt = entropy.deviation
elif args.metric == 'infgain':
  mt = entropy.infgain
elif args.metric == 'gini':
  mt = entropy.gini
else:
  mt = None

if args.leaf == 'zeror':
  lf = ZeroRule
elif args.leaf == 'linear':
  lf = Linear
else:
  lf = None

if not args.regression:
  y, clz = support.clz_to_prob( df[ df.columns[ -1 ] ] )
  if mt is None:
    mt = entropy.gini
  if lf is None:
    lf = ZeroRule
  plf = DecisionStump( metric=mt, leaf=lf )
  support.report_classifier( plf, x, y, clz, args.crossvalidate )
else:
  y = df[ df.columns[ -1 ] ].values.reshape( ( -1, 1 ) )
  if mt is None:
    mt = entropy.deviation
  if lf is None:
    lf = Linear
  plf = DecisionStump( metric=mt, leaf=lf )
  support.report_regressor( plf, x, y, args.crossvalidate )
```

■ SECTION-011 ■ DecisionStumpの実装

◆DecisionStumpの実行

　以上で「dstump.py」が完成したので、前章と同じようにCHAPTER 01でダウンロードした検証用のデータセットに対して実行します。

　例として「iris.data」に対して学習を行い、モデルの内容を表示すると、次のようになります。

```
$ python3 dstump.py -i iris.data
Model:
  if feat[ 2 ] <= 3.000000 then:
    [1. 0. 0.]
  else
    [0.  0.5 0.5]
Train Score:
                precision   recall  f1-score   support

   Iris-setosa       1.00     1.00      1.00        50
Iris-versicolor      0.50     1.00      0.67        50
 Iris-virginica      0.00     0.00      0.00        50

     micro avg       0.67     0.67      0.67       150
     macro avg       0.50     0.67      0.56       150
  weighted avg       0.50     0.67      0.56       150
```

　モデルの内容が、条件式とその中にあるZeroRuleの値として表示されています。また、クラス分類のスコアも、Scikit-learnの「classification_report」関数の結果が表示されています。

　さらに、「-r」オプションで交差検証を行い、検証用のデータセットすべてに対して実行した結果は、次のようになりました。

| target | function | | DecisionStump | |
| --- | --- | --- | --- | --- |
| | Metrics関数 | deviation | gini | infgain |
| iris | F1Score | | 0.45913 | 0.45913 |
| | Accuracy | | 0.56667 | 0.56667 |
| sonar | F1Score | | 0.72770 | 0.72770 |
| | Accuracy | | 0.73077 | 0.73077 |
| gluss | F1Score | | 0.29144 | 0.26912 |
| | Accuracy | | 0.42523 | 0.40654 |
| airfoil | R2Score | 0.54595 | | |
| | MeanSquared | 21.115 | | |
| winequality-red | R2Score | 0.32770 | | |
| | MeanSquared | 0.43499 | | |
| winequality-white | R2Score | 0.26734 | | |
| | MeanSquared | 0.57300 | | |

　結果は、前章で作成した単純なZeroRuleや線形回帰モデルよりも良いスコアとなっており、データの分割によるモデルの作成が正しく動作していることがわかります。

# SECTION-012

# 決定木アルゴリズムの実装

## ▶ 決定木アルゴリズムの種類

　先ほど作成したDecisionStumpは、深さが1の決定木でしたが、同じ方法によるデータの分割を再帰的に行えば、より深い階層を持つ決定木が作成できます。

　また、DecisionStumpの作成で見てきたように、Metrics関数やノードにある枝の数などによって、決定木アルゴリズムにはいくつもの種類が考えられます。それらについては、参考文献[4-2]で解説されているように、はじめてその手法が紹介された論文での呼び名が付けられているものもありますが、後から登場した手法を用いる特に名前の付けられていない組み合わせもあり、それらのアルゴリズムを一般的に**決定木アルゴリズム**と呼びます。

## ▶ 再帰による学習の実装

　ここでは先ほど作成したDecisionStumpの応用として、プログラムのオプション引数から木の深さを指定できる決定木アルゴリズムを作成します。

### ◆ 継承によるクラスの作成

　深さが可変の決定木アルゴリズムは、「DecisionTree」という名前のクラスとして作成します。このクラスは、先ほど作成した「DecisionStump」クラスの派生クラスとして作成することで、決定木アルゴリズムに必要となる木分割の関数を「DecisionStump」クラスから継承して利用できるようにします。

　まずは、「dtree.py」という名前のファイルを作成し、次のクラスを作成します。このクラスには、学習させる決定木の深さを表す「max_depth」変数と、再帰的に呼び出される際に使用する、現在のノードの深さを表す「depth」変数を作成します。

**SOURCE CODE** || dtree.pyのコード

```python
import numpy as np
import support
import entropy
from zeror import ZeroRule
from linear import Linear
from dstump import DecisionStump

class DecisionTree( DecisionStump ):
  def __init__( self, max_depth=5, metric=entropy.gini, leaf=ZeroRule, depth=1 ):
    super().__init__( metric=metric, leaf=leaf )
    self.max_depth = max_depth
    self.depth = depth
```

[4-2] Wei-Yin Loh. Classification and regression trees. WIREs Data Mining Knowl Discov. 1 14-23, 2011. http://www.stat.wisc.edu/~loh/treeprogs/guide/wires11.pdf

## ◆ 再帰的な木の学習

この「DecisionTree」クラスは、決定木内の1つのノードを表しており、葉となるノードを自分自身のクラスで置き換えることで、深さが可変の決定木を作成します。

それには次のように、「fit」関数をオーバーライドし、現在のノードの深さが最大深さに達していないなら、左右の葉を、「get_node」関数から取得する新しいノードで置き換えます。

新しく子ノードとなる「DecisionTree」では、引数の「depth」に、現在のノードの深さに1を加えた値を入れることで、現在のノードの深さを増やしていきます。現在のノードの深さが、最初に指定した最大の深さに達すると、「DecisionTree」クラスの動作は「DecisionStump」と同じになり、左右の葉に対して学習を行います。

**SOURCE CODE** | dtree.pyのコード

```python
def fit( self, x, y ):
    # 左右の葉を作成する
    self.left = self.leaf()
    self.right = self.leaf()
    # データを左右に分割する
    left, right = self.split_tree( x, y )
    # 現在のノードの深さが最大深さに達していないなら
    if self.depth < self.max_depth:
        # 実際にデータがあるなら、DecisionTreeクラスのノードで置き換える
        if len( left ) > 0:
            self.left = self.get_node()
        if len( right ) > 0:
            self.right = self.get_node()
    # 左右のノードを学習させる
    if len( left ) > 0:
        self.left.fit( x[ left ], y[ left ] )
    if len( right ) > 0:
        self.right.fit( x[ right ], y[ right ] )
    return self
```

ここで、新しいノードを生成して返す「get_node」関数は、次のように、自分自身のクラスの新しいインスタンスを生成するように作成します。

**SOURCE CODE** | dtree.pyのコード

```python
def get_node( self ):
    # 新しくノードを作成する
    return DecisionTree( max_depth=self.max_depth,
        metric=self.metric, leaf=self.leaf, depth=self.depth + 1 )
```

「DecisionTree」クラスでは、決定木モデルの実行を行う「predict」関数は、親クラスである「DecisionStump」のものをそのまま使えばよいので、実装しません。

これは、「DecisionStump」クラスの「predict」関数で使用する「self.left」と「self.right」変数が「DecisionTree」クラスのものに置き換わっているため、同じようにその変数の「predict」関数を呼び出すことで、再帰的な木の実行が行われるためです。

■ SECTION-012 ■ 決定木アルゴリズムの実装

## ▶ 分割の高速化

　以上で決定木アルゴリズムの機能は、すべて実装できました。決定木の学習に必要となる木の分割は、先ほど「DecisionStump」クラスで作成した関数をそのまま継承して利用できるので、このままでも「DecisionTree」クラスは機能します。

　しかし、このままでは実行速度が遅いので、プログラミング上のテクニックを用いて速度向上を図ります。

### ◆ データをソートして分割箇所を見つける

　アルゴリズムそのものとは関係のないプログラミング上のテクニックについてですが、これまでに作成したデータの分割は、わかりやすさを優先させて、アルゴリズムの原理をそのまま実装していました。しかし、データの分割箇所を発見するために、説明変数のすべての次元について個別に処理するのでは、あまりに効率が悪いです。

　そこでここでは、より効率の良い分割を行う関数を実装します。

　まず、説明変数内の値から分割点となる値を探すため、あらかじめ説明変数のすべてをソートしておき、小さい方から順番に分割点を検索するようにすれば、説明変数のすべての次元を同時に扱うことができます。

　それにはNumpyの「argsort」関数で、説明変数のすべてについてデータの個数方向にソートした結果のインデックスを求めます。そうすると、単純にソートする処理が増えることになりますが、データの取り扱いの効率が良くなるため、結果としては十分に高速化が図れます。

　そうしておいて、現在の位置の前と後ろで目的変数も分割し、スコアを求めますが、Numpyではバラバラの場所からインデックス指定で値を抽出するのは遅いので、ブロードキャスト（newaxisを指定することで次元数が調整される）と「take」関数を使用して、説明変数の大きさでソートされた目的変数の、説明変数の次元数だけの配列を作成します（ソースコード中「ysot」変数）。

　後は、左右の枝にデータを割り振るため、分割点となる位置でループを回し、最小のスコアを求めれば、分割するための値と説明変数の次元が取得できます。

　最後に、実際に分割するインデックスを取得して返すようにすれば、「DecisionStump」クラスで作成した「split_tree」関数より、かなり高速に動作する関数が完成します。

**SOURCE CODE** | **dtree.pyのコード**

```python
def split_tree_fast( self, x, y ):
    # データを分割して左右の枝に属するインデックスを返す
    self.feat_index = 0
    self.feat_val = np.inf
    score = np.inf
    # データの前準備
    ytil = y[ :,np.newaxis ]
    xindex = np.argsort( x, axis=0 )
    ysot = np.take( ytil, xindex, axis=0 )
    for f in range( x.shape[0] ):
```

■ SECTION-012 ■ 決定木アルゴリズムの実装

```
# 小さい方からf個の位置にある値で分割
l = xindex[ :f,: ]
r = xindex[ f:,: ]
ly = ysot[ :f,:,0,: ]
ry = ysot[ f:,:,0,: ]
# すべての次元のスコアを求める
loss = [ self.make_loss( ly[ :,yp,: ], ry[ :,yp,: ], l[ :,yp ], r[ :,yp ] )
    if x[ xindex[f-1,yp], yp ] != x[ xindex[f,yp], yp ] else np.inf
    for yp in range( x.shape[1] ) ]
# 最小のスコアになる次元
i = np.argmin( loss )
if score > loss[ i ]:
    score = loss[ i ]
    self.feat_index = i
    self.feat_val = x[ xindex[f,i], i ]
# 実際に分割するインデックスを取得
filter = x[ :,self.feat_index ] < self.feat_val
left = np.where( filter )[0].tolist()
right = np.where( filter==False )[0].tolist()
self.score = score
return left, right
```

　この関数は親クラスである「DecisionStump」クラスの「split_tree」関数と、機能的にはほぼ同じものとなります。「ほぼ」同じというのは、同じスコアになる分割があったときに、どの分割が選択されるかが異なっているためで、したがって学習を行った後の決定木の構造も、「DecisionStump」クラスの「split_tree」関数とこの関数を使用したものでは、やや異なったものになります。

　この関数を使用するためには、次のように「DecisionStump」クラスの「split_tree」関数をオーバーロードして、作成した関数を使用するようにします。

**SOURCE CODE** || dtree.pyのコード

```
# 高速動作する関数でオーバーロード
def split_tree( self, x, y ):
    return self.split_tree_fast( x, y )
```

■ SECTION-012 ■ 決定木アルゴリズムの実装

## ● 決定木アルゴリズムの評価

後は、検証用のデータセットに対してモデルを実行し、評価を行うためのコードを作成します。

### ◆ モデルの表示

まずはこれまでと同様に、モデルの内容を表示するための「`__str__`」関数を作成します。ここで作成した決定木は深さが可変なので、再帰的にノードをたどってモデルの内容を取得する必要があります。

再帰的に呼び出される関数として「`print_leaf`」関数を作成し、現在のノードが「DecisionTree」クラスまたはその派生クラスであれば差左右のノードを、そうでなければ葉の内容を表示するように作成すると、その内容は次のようになります。

```
SOURCE CODE   dtree.pyのコード

def print_leaf( self, node, d=0 ):
  if isinstance( node, DecisionTree ):
    return '\n'.join([
      ' %sif feat[ %d ] <= %f then:'%( ' '+'*'*d, node.feat_index, node.feat_val ),
      self.print_leaf( node.left, d+1 ),
      ' %selse'%('|'*d, ),
      self.print_leaf( node.right, d+1 ) ])
  else:
    return '  %s %s'%( '|'*(d-1), node )
```

### ◆ プログラムの実行

プログラムの実行に必要となるオプション引数の指定は、DecisionStumpのときと同じで、決定木の深さを表す「`-d`」を追加してあります。

```
SOURCE CODE   dtree.pyのコード

if __name__ == '__main__':
  import pandas as pd
  ps = support.get_base_args()
  ps.add_argument( '--metric', '-m', default='', help='Metric function' )
  ps.add_argument( '--leaf', '-l', default='', help='Leaf class' )
  ps.add_argument( '--depth', '-d', type=int, default=5, help='Max Tree Depth' )
  args = ps.parse_args()

  df = pd.read_csv( args.input, sep=args.separator, header=args.header, index_col=args.indexcol )
  x = df[ df.columns[ :-1 ] ].values

  if args.metric == 'div':
    mt = entropy.deviation
  elif args.metric == 'infgain':
    mt = entropy.infgain
  elif args.metric == 'gini':
    mt = entropy.gini
  else:
```

102

■ SECTION-012 ■ 決定木アルゴリズムの実装

```
    mt = None
```
▼

```
  if args.leaf == 'zeror':
    lf = ZeroRule
  elif args.leaf == 'linear':
    lf = Linear
  else:
    lf = None

  if not args.regression:
    y, clz = support.clz_to_prob( df[ df.columns[ -1 ] ] )
    if mt is None:
      mt = entropy.gini
    if lf is None:
      lf = ZeroRule
    plf = DecisionTree( metric=mt, leaf=lf, max_depth=args.depth )
    support.report_classifier( plf, x, y, clz, args.crossvalidate )
  else:
    y = df[ df.columns[ 1 ] ].values.reshape( ( 1, 1 ) )
    if mt is None:
      mt = entropy.deviation
    if lf is None:
      lf = Linear
    plf = DecisionTree( metric=mt, leaf=lf, max_depth=args.depth )
    plf.fit( x, y )
    support.report_regressor( plf, x, y, args.crossvalidate )
```

◆ 最終的なコード

　以上の内容をつなげると、決定木モデルの学習と、評価を行うプログラムが完成します。最終的な「dtree.py」の内容は、次のようになります。

**SOURCE CODE** ‖ dtree.pyのコード

```
import numpy as np
import support
import entropy
from zeror import ZeroRule
from linear import Linear
from dstump import DecisionStump

class DecisionTree( DecisionStump ):
  def __init__( self, max_depth=5, metric=entropy.gini, leaf=ZeroRule, depth=1 ):
    super().__init__( metric=metric, leaf=leaf )
    self.max_depth = max_depth
    self.depth = depth

  def get_node( self ):
```
▼

103

■ SECTION-012 ■ 決定木アルゴリズムの実装

```python
        # 新しくノードを作成する
        return DecisionTree( max_depth=self.max_depth,
            metric=self.metric, leaf=self.leaf, depth=self.depth + 1 )

    def split_tree_fast( self, x, y ):
        # データを分割して左右の枝に属するインデックスを返す
        self.feat_index = 0
        self.feat_val = np.inf
        score = np.inf
        # データの前準備
        ytil = y[ :,np.newaxis ]
        xindex = np.argsort( x, axis=0 )
        ysot = np.take( ytil, xindex, axis=0 )
        for f in range( x.shape[0] ):
            # 小さい方からf個の位置にある値で分割
            l = xindex[ :f,: ]
            r = xindex[ f:,: ]
            ly = ysot[ :f,:,0,: ]
            ry = ysot[ f:,:,0,: ]
            # すべての次元のスコアを求める
            loss = [ self.make_loss( ly[ :,yp,: ], ry[ :,yp,: ], l[ :,yp ], r[ :,yp ] )
                if x[ xindex[f-1,yp], yp ] != x[ xindex[f,yp], yp ] else np.inf
                    for yp in range( x.shape[1] ) ]
            # 最小のスコアになる次元
            i = np.argmin( loss )
            if score > loss[ i ]:
                score = loss[ i ]
                self.feat_index = i
                self.feat_val = x[ xindex[f,i], i ]
        # 実際に分割するインデックスを取得
        filter = x[ :,self.feat_index ] < self.feat_val
        left = np.where( filter )[0].tolist()
        right = np.where( filter==False )[0].tolist()
        self.score = score
        return left, right


    # 高速動作する関数でオーバーロード
    def split_tree( self, x, y ):
        return self.split_tree_fast( x, y )


    def fit( self, x, y ):
        # 左右の葉を作成する
        self.left = self.leaf()
        self.right = self.leaf()
        # データを左右に分割する
        left, right = self.split_tree( x, y )
```

■ SECTION-012 ■ 決定木アルゴリズムの実装

```python
      # 現在のノードの深さが最大深さに達していないなら
      if self.depth < self.max_depth:
        # 実際にデータがあるなら、DecisionTreeクラスのノードで置き換える
        if len( left ) > 0:
          self.left = self.get_node()
        if len( right ) > 0:
          self.right = self.get_node()
      # 左右のノードを学習させる
      if len( left ) > 0:
        self.left.fit( x[ left ], y[ left ] )
      if len( right ) > 0:
        self.right.fit( x[ right ], y[ right ] )
      return self

  def print_leaf( self, node, d=0 ):
    if isinstance( node, DecisionTree ):
      return '\n'.join([
        ' %sif feat[ %d ] <= %f then:'%( '+'*d, node.feat_index, node.feat_val ),
        self.print_leaf( node.left, d+1 ),
        ' %selse'%('|'*d, ),
        self.print_leaf( node.right, d+1 ) ])
    else:
      return '  %s %s'%( '|'*(d-1), node )


  def __str__( self ):
    return self.print_leaf( self )



if __name__ == '__main__':
  import pandas as pd
  ps = support.get_base_args()
  ps.add_argument( '--metric', '-m', default='', help='Metric function' )
  ps.add_argument( '--leaf', '-l', default='', help='Leaf class' )
  ps.add_argument( '--depth', '-d', type=int, default=5, help='Max Tree Depth' )
  args = ps.parse_args()

  df = pd.read_csv( args.input, sep=args.separator, header=args.header, index_col=args.indexcol )
  x = df[ df.columns[ :-1 ] ].values

  if args.metric == 'div':
    mt = entropy.deviation
  elif args.metric == 'infgain':
    mt = entropy.infgain
  elif args.metric == 'gini':
    mt = entropy.gini
  else:
    mt = None
```

■ SECTION-012 ■ 決定木アルゴリズムの実装

```python
    if args.leaf == 'zeror':
        lf = ZeroRule
    elif args.leaf == 'linear':
        lf = Linear
    else:
        lf = None

    if not args.regression:
        y, clz = support.clz_to_prob( df[ df.columns[ -1 ] ] )
        if mt is None:
            mt = entropy.gini
        if lf is None:
            lf = ZeroRule
        plf = DecisionTree( metric=mt, leaf=lf, max_depth=args.depth )
        support.report_classifier( plf, x, y, clz, args.crossvalidate )
    else:
        y = df[ df.columns[ -1 ] ].values.reshape( ( -1, 1 ) )
        if mt is None:
            mt = entropy.deviation
        if lf is None:
            lf = Linear
        plf = DecisionTree( metric=mt, leaf=lf, max_depth=args.depth )
        plf.fit( x, y )
        support.report_regressor( plf, x, y, args.crossvalidate )
```

◆ 決定木の学習と実行

　以上で「**dtree.py**」が完成したので、前章と同じようにCHAPTER 01でダウンロードした検証用のデータセットに対して実行します。例として、深さが2の決定木を作成し、「**iris. data**」に対して学習を行い、モデルの内容を表示すると、次のようになります。

```
$ python3 dtree.py -i iris.data -d 2
Model:
  if feat[ 2 ] <= 3.000000 then:
  +if feat[ 0 ] <= 4.400000 then:
  | [1. 0. 0.]
  |else
  | [1. 0. 0.]
  else
  +if feat[ 3 ] <= 1.800000 then:
  | [0.        0.90740741 0.09259259]
  |else
  | [0.        0.02173913 0.97826087]
Train Score:
                 precision    recall  f1-score   support
```

■ SECTION-012 ■ 決定木アルゴリズムの実装

|                 |       |       |       |     |
|-----------------|-------|-------|-------|-----|
| Iris-setosa     | 1.00  | 1.00  | 1.00  | 50  |
| Iris-versicolor | 0.91  | 0.98  | 0.94  | 50  |
| Iris-virginica  | 0.98  | 0.90  | 0.94  | 50  |
|                 |       |       |       |     |
| micro avg       | 0.96  | 0.96  | 0.96  | 150 |
| macro avg       | 0.96  | 0.96  | 0.96  | 150 |
| weighted avg    | 0.96  | 0.96  | 0.96  | 150 |

「IF〜THEN」ルーチンの形で決定木モデルが表示されており、データを説明変数の値に従って分割していることがわかります。また、評価スコアも、これまでのアルゴリズムよりもかなり良い値が出るようになりました。

すべての検証用データセットに対して、エポック数と交差検証を指定してプログラムを実行した結果は、次のようになります。

| target | function | DecisionTree | | |
|--------|----------|--------|--------|--------|
| | | 深さ=3 | 深さ=5 | 深さ=7 |
| iris | F1Score | 0.93934 | 0.94076 | 0.94076 |
| | Accuracy | 0.94000 | 0.94000 | 0.94000 |
| sonar | F1Score | 0.73613 | 0.78578 | 0.77629 |
| | Accuracy | 0.74039 | 0.78365 | 0.77404 |
| glass | F1Score | 0.63383 | 0.65282 | 0.68459 |
| | Accuracy | 0.66355 | 0.65888 | 0.68692 |
| airfoil | R2Score | 0.63896 | 0.74187 | 0.80142 |
| | MeanSquared | 16.915 | 12.209 | 9.3312 |
| winequality-red | R2Score | 0.33421 | 0.31715 | 0.25777 |
| | MeanSquared | 0.43088 | 0.43780 | 0.47133 |
| winequality-white | R2Score | 0.28649 | 0.30913 | 0.29204 |
| | MeanSquared | 0.55862 | 0.54064 | 0.55360 |

木の深さを深くするほど複雑なモデルとなりますが、いくつかのデータセットに対しては単純に深さを深くするほどスコアが良くなるわけではなく、過学習が起きて逆にスコアが下がっていることがわかります。

過学習が起きていることは、交差検証を行わないでスコアを求めると、木の深さを深くするほどスコアが良くなる（いくつかのモデルではF1スコアが1.0＝完全に説明となります）ことからも確認することができます。

# CHAPTER 05

## プルーニング

## SECTION-013

# プルーニング

### ● 決定木の枝刈り

前章では、決定木による機械学習プログラムを作成しました。この決定木による機械学習には、作成する木の深さに上限がなく、パラメーターの設定を深くすればするほど複雑なモデルが作成できるという特徴があります。

したがって、単に学習データを良く再現できるモデルを作成するという観点からは、決定木アルゴリズムはメモリと計算時間が許す限り、学習データを完全に再現できるモデルを作成できるのですが、CHAPTER 01で解説したように、それでは過学習によって学習していないデータに対する性能が低下してしまいます。これは決定木に限らず機械学習一般における問題なのですが、そのため、いかに過学習を防止し汎化誤差を少なくするかが問題となります。

ここでは、決定木アルゴリズムにおける過学習を防止するための手法である、**プルーニング**について解説します。

### ◆ 枝刈りとは

プルーニングは**枝刈り**とも呼ばれ、木構造をしたデータに対して適用されるアルゴリズムの名前です。CHAPTER 04で作成した決定木アルゴリズムでは、作成される木は常に葉まで同じ深さを持つ、完全二分木と呼ばれるデータ構造をしていました。

しかし、このようなモデルで深い木を作成すると、無駄な判断を行うノードが増えてしまうので、過学習が起こりやすくなってしまいます。

そこで、一度深い深さで決定木を作成した後で、不要な枝を削除することでよりシンプルな決定木を作成する手法がとられます。

●プルーニング

この、木構造のデータから、不要な枝を削除することを枝刈りと呼び、特に機械学習や統計モデルの場合はプルーニングと呼ばれることもあります。

■ SECTION-013 ■ プルーニング

前ページの図では、深さが2で、葉の数が4つある決定木から、プルーニングによって葉D が取り除かれる様子を表しています。理想的なプルーニングのアルゴリズムは、不要なノード を削除することで、学習データそのものに対するスコアは悪くなったとしても、学習させていな いデータに対する汎化誤差は小さくなるように作成されます。

なお、ここでは決定木に対するプルーニングを扱っており、同じプルーニングのアルゴリズム であっても、ミニマックス法やアルファ・ベータ法などの、ゲーム木に対するプルーニングアルゴ リズムとは別の物となります。

◆ 枝刈りのルール

プルーニングのアルゴリズムでは、決定木の中にあるノードをたどり、削除すべき枝と残すべ き枝を選択することになります。

どの枝を削除するべきかの判断が、プルーニングアルゴリズムの中心になるのですが、最も 単純なルールは、「枝を削除しても結果が変わらないならその枝を削除する」というものになりま す。すなわち、その枝を削除する前と後とで、モデルを実行した結果のスコアが悪化しない のであれば、その枝を削除する、ということになります。このアルゴリズムは、参考文献[5-1]で 紹介されているReduce Errorプルーニングと本質的に同じものです。

プルーニングの際に使用するスコアの計算には、決定木に対する学習データと同じデータ を使用する方法と、学習データを決定木の学習用とプルーニングのテストデータ用とに二分す る方法とがあります。過学習の防止という観点からはプルーニング用のテストデータを別にす る方がよいように思えますが、その分だけ決定木の学習に使えるデータが少なくなってしまうの で、どちらの方法が良いかは一概にはいえず、利用するデータセットの特性や種類によって 使い分ける必要があります。

◆ 再帰関数による枝刈り

上記のルールをプログラムで実装すると、決定木のノードをたどりながら、次の2つのケース で、ノード内の枝を削除すれば、プルーニングのアルゴリズムを実装することができます。

**1** 学習データのすべてが、左右のノードどちらか一方に振り分けられる場合

**2** ノード内のどちらかの枝を削除しても、ノード全体のスコアが悪化しない場合

---

[5-1] J. R. Quinlan. Simplifying decision trees. International Journal of Man-Machine Studies, 27 221-234, 1987.
https://doi.org/10.1016/S0020-7373(87)80053-6

■ SECTION-013 ■ プルーニング

●スコアによる枝刈り

枝が1つしかないノード　　　　　　ノードを削除して枝に置き換える

ノード

ノード　　　データ数＝0　　　　　　　　ノード

次のノード　次のノード　　　　　　次のノード　次のノード

枝を削除してもスコアが変わらない　　枝を削除

ノード　　　　　　　　　　　ノード　　　　　　　次のノード

次のノード　次のノード　　　　次のノード

決定木のノードを辿るためには再帰関数を使用し、与えられたノードの枝を、関数内で都度更新することでプルーニングを行います。

この章で作成する再帰関数の、基本的な構造は次のようになります。

```
def プルーニング関数( 決定木内のノード , 学習データ )
    if 左右にデータが振り分けられるか:
        # 1つの枝のみの場合、その枝で置き換える
        return プルーニング関数( 枝 , 学習データ )
    # 再帰呼び出しで枝を辿る
    左の枝 = プルーニング関数( 左の枝 , 学習データ )
    右の枝 = プルーニング関数( 右の枝 , 学習データ )
    # 枝刈りを行う
    if 枝刈りを行うべき:
        return ノード内の残す方の枝
    return 決定木内のノード
```

関数の中では、1つのノードを見て、再帰的にそのノードの左右の枝を更新していきます。再帰関数は、枝刈りを行う場合は残された枝を、そうでない場合は現在のノードを返します。そして再帰的に呼び出される関数の戻り値でノードの枝を更新することで、不要な枝を削除していきます。

■ SECTION-013 ■ プルーニング

## ❤️ プルーニングの実装

それでは実際にプルーニングを行うアルゴリズムを実装していきます。ここでは、前章で作成した決定木と同じ構造を持つ「PrunedTree」というクラスがあるものとして、再帰関数を実装していきます。

まずは「pruning.py」という名前のファイルを作成し、必要なパッケージをインポートしておきます。

| SOURCE CODE || pruning.pyのコード |

```python
import numpy as np
import support
import entropy
from zeror import ZeroRule
from linear import Linear
from dtree import DecisionTree
```

### ◆ スコアによる判定

再帰関数の名前は「reducederror」として、引数として決定木内の現在のノードを表す「node」、学習データと正解データを表す「x」と「y」を引数に取ります。

まずは「reducederror」関数のひな形として、ノードが葉でないことを確認して、現在のノードを返す関数を作成します。

| SOURCE CODE || pruning.pyのコード |

```python
def reducederror( node, x, y ):
  # ノードが葉でなかったら
  if isinstance( node, PrunedTree ):

    # ここにプルーニングの処理が入る

  # 現在のノードを返す
  return node
```

次に、上記の「# ここにプルーニングの処理が入る」という部分に、学習データに対するノードのスコアと、左右の葉のスコアを計算する部分を作成します。この関数では、決定木の種類がクラス分類であるか回帰であるかによって処理を分けますが、それは目的変数の次元数で判断できます。

クラス分類の場合、正解データの形式はこれまでと同じように属するクラスの可能性を表す二次元配列なので、目的変数のクラス軸の数は2以上になります。クラス分類の場合、ノードそれ自体と、左右の葉に対して「predict」関数を呼び出した結果との差を取り、間違いの個数をカウントします。

回帰の場合は、同様に正解データとの二乗平均誤差を作成して、その値をスコアとします。

その後、枝を削除してもスコアが悪化しないようなら、スコアが良い方の枝をreturn文で返すようにします。

113

■ SECTION-013 ■ プルーニング

| SOURCE CODE | pruning.pyのコード |

```python
# ここに枝刈りのコードが入る

# 学習データに対するスコアを計算する
p1 = node.predict( x )
p2 = node.left.predict( x )
p3 = node.right.predict( x )
# クラス分類かどうか
if y.shape[1] > 1:
    # 誤分類の個数をスコアにする
    ya = y.argmax( axis=1 )
    d1 = np.sum( p1.argmax( axis=1 ) != ya )
    d2 = np.sum( p2.argmax( axis=1 ) != ya )
    d3 = np.sum( p3.argmax( axis=1 ) != ya )
else:
    # 二乗平均誤差をスコアにする
    d1 = np.mean( ( p1 - y ) ** 2 )
    d2 = np.mean( ( p2 - y ) ** 2 )
    d3 = np.mean( ( p3 - y ) ** 2 )
if d2 <= d1 or d3 <= d1: # 左右の枝どちらかだけでスコアが悪化しない
    # スコアの良い方の枝を返す
    if d2 < d3:
        return node.left
    else:
        return node.right
```

◆ 決定木のプルーニング

上記の「# ここに**枝刈りのコードが入る**」という箇所では、ノードに左右の枝が両方あるかどうかのチェックし、1つの枝のみにデータが振り分けられるのであれば、現在のノードをその枝で置き換えます。

| SOURCE CODE | pruning.pyのコード |

```python
# 左右の分割を得る
feat = x[ :,node.feat_index ]
val = node.feat_val
l, r = node.make_split( feat, val )
# 左右にデータが振り分けられるか
if val is np.inf or len( r ) == 0:
    return reducederror( node.left, x, y ) # 1つの枝のみの場合、その枝で置き換える
elif len( l ) == 0:
    return reducederror( node.right, x, y ) # 1つの枝のみの場合、その枝で置き換える

# ここに再帰呼び出しのコードが入る
```

そしてその後、関数を再帰的に呼び出して左右の枝を更新します。上記の「# ここに**再帰呼び出しのコードが入る**」という箇所には、次のコードを作成します。

■ SECTION-013 ■ プルーニング

**SOURCE CODE** | pruning.pyのコード

```
# 左右の枝を更新する
node.left = reducederror( node.left, x[l], y[l] )
node.right = reducederror( node.right, x[r], y[r] )
```

　以上で「Reduce Error」プルーニングのための再帰関数が完成します。

# SECTION-014
# Critical Value

## ● Critical Valueによるプルーニング

先ほど作成したReduce Errorプルーニングは、実際の実行結果をもとに処理を行うので、シンプルなアルゴリズムながら性能の良い結果を得ることができるという特徴があります。

一方でReduce Errorプルーニングは、プルーニングの際に木とその各枝に対して毎回、決定木の実行が行われるため、処理時間の面で不利になるという欠点があります。

決定木に対するプルーニングの処理については他にもあり、参考文献[5-2]にいろいろなアルゴリズムが紹介されていますが、ここでは、プルーニングのアルゴリズムとしてもう1つ、**Critical Value**プルーニングという種類のアルゴリズムも紹介します。

### ◆ Critical Valueの概要

Critical Valueプルーニングは、決定木の学習時に使用した分割のスコアを元にプルーニングの処理を行います。

決定木の学習では、すべてのノードにおいて、Metrics関数の値から分割のスコアが一度、求められていました。そこで、プルーニングの処理を行う際には決定木全体の中での最も良い分割のスコアを求め、その値をもとに、ある程度以下の値で分割されたノードを枝刈りすることでプルーニングの処理を行います。また、削除するノードの閾値は、すべての枝のスコアから、削除する枝の割合を指定することで求めます。

Critical Valueプルーニングは、決定木の分割のみが完成した時点で行うことができるので、必ずしもすべての葉を学習させる必要はありません。葉の学習をプルーニングの後に行うことで、深い階層の決定木を作成しても、学習の時間が指数関数的に増加することを防ぐことができます。また、決定木の分割が完成した時点でCritical Valueプルーニングを行い、さらに、葉の学習が終了したらReduce Errorプルーニングを行う、ということもできます。

●「Critical Value」プルーニング

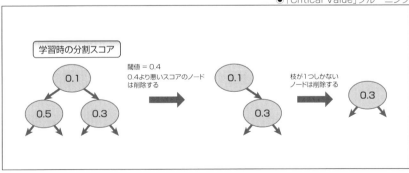

以上がCritical Valueプルーニングの概要となります。

---

[5-2] John Mingers. An Empirical Comparison of Pruning Methods for Decision Tree Induction. Machine Learning Volume 4 Issue 2, 227-243, 1989.
https://link.springer.com/content/pdf/10.1023%2FA%3A1022604100933.pdf

■ SECTION-014 ■ Critical Value

## ●Critical Valueの実装

それでは実際にCritical Valueプルーニングを行うコードを実装します。ここでは先ほどと同じ「pruning.py」ファイルの中に、Critical Valueプルーニングを行うコードを作成していきます。

### ◆全ノードのスコア

まずは、決定木全体から、分割時に使用した最も良いMetrics関数の値を求めるために、すべてのノードのスコアを取得する関数を作成します。

CHAPTER 04で「DecisionStump」クラスを作成した際に、分割で求めた最も良いMetrics関数の値は、そのノードの分割のスコアとして「score」変数に保存しておきました。この章で作成する「PrunedTree」クラスも、「DecisionStump」クラスの派生関数なので、同じく「score」変数から分割のスコアを取得することができます。この「score」変数が表すスコアは、値が小さいほど良い値だという点を忘れないようにしてください。

すべてのノードをたどるには、先ほどと同じく再帰関数を使用し、引数に与えられたリストにノードの「score」変数の値を追加していきます。ここでは「getscore」という名前で、すべてのノードのスコアを取得する関数を作成します。

SOURCE CODE ‖ pruning.pyのコード

```python
def getscore( node, score ):
  # ノードが葉でなかったら
  if isinstance( node, PrunedTree ):
    if node.score >= 0 and node.score is not np.inf:
      score.append( node.score )
    getscore( node.left, score )
    getscore( node.right, score )
```

### ◆Critical Valueを行う関数

次に、実際にプルーニングを行う関数を作成します。この関数も再帰関数として作成し、前節のものと同じ構造をしています。関数の名前は「criticalscore」とし、引数にスコアの閾値となる「score_max」が追加されています。

SOURCE CODE ‖ pruning.pyのコード

```python
def criticalscore( node, x, y, score_max ):
  # ノードが葉でなかったら
  if type( node ) is PrunedTree:

    # ここにプルーニングの処理が入る

  # 現在のノードを返す
  return node
```

上記の「# ここにプルーニングの処理が入る」という部分には、ノードのスコアと、閾値の値から枝を削除して、残った枝のみを返すコードを作成します。

117

■ SECTION-014 ■ Critical Value

　ここでは枝の指しているノードのさらに先が、葉であるかどうかを確認することで、処理を分けています。つまり、削除する枝の指しているノードが両方とも葉の場合、そのノードを1つの葉にまとめる一方で、どちらか片方が枝である場合は、枝の方を残すように置き換えます。

**SOURCE CODE** | pruning.pyのコード

```python
# 左右の枝を更新する
node.left = criticalscore( node.left, score_max )
node.right = criticalscore( node.right, score_max )
# ノードを削除
if node.score > score_max:
  leftisleaf = not isinstance( node.left, PrunedTree )
  rightisleaf = not isinstance( node.right, PrunedTree )
  # 両方とも葉ならば1つの葉にする
  if leftisleaf and rightisleaf:
    return node.left
  # どちらかが枝ならば枝の方を残す
  elif leftisleaf and not rightisleaf:
    return node.right
  elif not leftisleaf and rightisleaf:
    return node.left
  # どちらも枝ならばスコアの良い方を残す
  elif node.left.score < node.right.score:
    return node.left
  else:
    return node.right
```

## SECTION-015

# プルーニング用の決定木

### プルーニング用の決定木

さて、先ほどまでは、前章で作成した決定木と同じ構造を持つ「PrunedTree」というクラスがあるものとして、再帰関数を実装していました。これは、プルーニングの設定に必要なパラメーターがいくつかあるのと、学習の際にプルーニングを前提としたコードを作成する必要があったため、別のクラスとして決定木を作成するようにしたためです。

ここではその「PrunedTree」クラスを実装していきます。

#### ◆ プルーニング用の決定木の作成

「PrunedTree」クラスは、前章で作成した「DecisionTree」クラスの派生クラスとして作成します。この章で使用する「PrunedTree」クラスでは、クラス内の変数でプルーニング用の関数名を表す「prunfnc」と、学習データとプルーニング用のテストデータを別にするかどうかを表す「pruntest」を作成します。

ここで「prunfnc」変数は文字列型で、「"reduce"」または「"critical"」いずれかの値が入るものとします。

また、プルーニング用のテストデータを別にするときの割合を表す「pruntest」「Critical Value」プルーニングで使用するパーセンテージの変数である「critical」も作成します。

| SOURCE CODE | pruning.pyのコード |

```python
class PrunedTree( DecisionTree ):
    def __init__( self, prunfnc='critical', pruntest=False, splitratio=0.5, critical=0.8,
            max_depth=5, metric=entropy.gini, leaf=ZeroRule, depth=1 ):
        super().__init__( max_depth=max_depth, metric=metric, leaf=leaf, depth=depth )
        self.prunfnc = prunfnc  # プルーニング用関数
        self.pruntest = pruntest  # プルーニング用にテスト用データを取り分けるか
        self.splitratio = splitratio  # プルーニング用テストデータの割合
        self.critical = critical  # "critical"プルーニング用の閾値
```

そして、新しいノードを作成するための「get_node」関数も次のようにオーバーロードしておきます。

| SOURCE CODE | pruning.pyのコード |

```python
def get_node( self ):
    # 新しくノードを作成する
    return PrunedTree( prunfnc=self.prunfnc, max_depth=self.max_depth,
        metric=self.metric, leaf=self.leaf, depth=self.depth + 1 )
```

■ SECTION-015 ■ プルーニング用の決定木

◆ プルーニング用の決定木の学習

　次に、学習を行う「fit」関数をオーバーライドします。「fit」関数内では、まず、根のノードのときとそうでないときとで処理が異なり、根のノードのときのみプルーニング用の処理が行われます。

　これは、「PrunedTree」クラスは決定木内のノード1つを表すのに対して、プルーニング用の関数が、学習後の決定木に対して再帰的に呼び出されるためです。

　「PrunedTree」クラスが根のノードのときには、まずプルーニング際に枝の削除を行うかどうか判断するための、テストデータを用意します。テストデータは、「self.pruntest」が真であれば、学習データからランダムに、「self.splitratio」で指定された割合のデータをテスト用として取り分けます。「self.pruntest」が真でない場合は、学習データと同じデータを使用してプルーニングの処理を行います。

**SOURCE CODE** || pruning.pyのコード

```python
def fit( self, x, y ):
    # 深さ＝1，根のノードのときのみ
    if self.depth == 1 and self.prunfnc is not None:
        # プルーニングに使うデータ
        x_t, y_t = x, y
        # プルーニング用にテスト用データを取り分けるならば
        if self.pruntest:
            # 学習データとテスト用データを別にする
            n_test = int( round( len( x ) * self.splitratio ) )
            n_idx = np.random.permutation( len( x ) )
            tmpx = x[ n_idx[ n_test: ] ]
            tmpy = y[ n_idx[ n_test: ] ]
            x_t = x[ n_idx[ :n_test ] ]
            y_t = y[ n_idx[ :n_test ] ]
            x = tmpx
            y = tmpy

    # ここで決定木の学習を行う

    return self
```

　上記の「#　ここで決定木の学習を行う」には、次のコードが入ります。このコードは、前章のDecisionTreeでの学習アルゴリズムとほぼ同じですが、Critical Valueプルーニングの場合は葉の学習は行わず、木の分割のみを学習するようにします。

**SOURCE CODE** || pruning.pyのコード

```python
# 決定木の学習・・・"critical"プルーニング時は木の分割のみ
self.left = self.leaf()
self.right = self.leaf()
left, right = self.split_tree( x, y )
if self.depth < self.max_depth:
```

■ SECTION-015 ■ プルーニング用の決定木

```
    self.left = self.get_node()
    self.right = self.get_node()
if self.depth < self.max_depth or self.prunfnc != 'critical':
  if len( left ) > 0:
    self.left.fit( x[ left ], y[ left ] )
  if len( right ) > 0:
    self.right.fit( x[ right ], y[ right ] )
```

# ここでプルーニングの処理を行う

　上記の「# ここでプルーニングの処理を行う」には、根のノードのときに「self.prunfnc」に入っている関数の名前から、再帰関数を呼び出して、プルーニングの処理を行います。「Reduce Error」プルーニングの場合、再帰関数の引数には、自分自身のインスタンスと、プルーニング用のテストデータを渡して「reducederror」関数を呼び出します。

　また、Critical Valueプルーニングの場合、まず「getscore」関数ですべてのノードの分割の際のスコアを取得し、その数から、パラメーターで指定された割合を求め、閾値となる値を計算します。

　そして、その閾値を引数にして「criticalscore」関数を呼び出しプルーニングの処理を行った後、学習させていなかった葉について、改めて学習を行います。

　葉のみの学習を行う関数は「fit_leaf」という名前で作成します。

**SOURCE CODE** ‖ pruning.pyのコード

```
# 深さ＝1，根のノードの時のみ
if self.depth == 1 and self.prunfnc is not None:
  if self.prunfnc == 'reduce':
    # プルーニングを行う
    reducederror( self, x_t, y_t )
  elif self.prunfnc == 'critical':
    # 学習時のMetrics関数のスコアを取得する
    score = []
    getscore( self, score )
    if len( score ) > 0:
      # スコアから残す枝の最大スコアを計算
      i = int( round( len( score ) * self.critical ) )
      score_max = sorted( score )[ min( i, len( score ) - 1 ) ]
      # プルーニングを行う
      criticalscore( self, score_max )
    # 葉を学習させる
    self.fit_leaf( x, y )
```

　「fit_leaf」関数は、すでに作成されている枝に従ってデータを分割し、枝の指しているノードが葉であれば「fit」関数を呼び出す内容になります。

121

■ SECTION-015 ■ プルーニング用の決定木

**SOURCE CODE** | pruning.pyのコード

```python
def fit_leaf( self, x, y ):
    # 説明変数から分割した左右のインデックスを取得
    feat = x[ :,self.feat_index ]
    val = self.feat_val
    l, r = self.make_split( feat, val )
    # 葉のみを学習させる
    if len(l) > 0:
        if isinstance( self.left, PrunedTree ):
            self.left.fit_leaf( x[l], y[l] )
        else:
            self.left.fit( x[l], y[l] )
    if len(r) > 0:
        if isinstance( self.right, PrunedTree ):
            self.right.fit_leaf( x[r], y[r] )
        else:
            self.right.fit( x[r], y[r] )
```

## ▶ 決定木の実行

以上でプルーニングに関する処理の実装が完了しました。

後は、決定木の文字列での表示や、プログラムのパラメーター引数など、いくつかの機能を作成して、プルーニングを行う決定木による機械学習プログラムを完成させます。

### ◆ プログラムの実行

次に、プログラムとして実行する際に、パラメーター引数でプルーニングに関する指定をできるようにします。ここでもこれまでの章と同様、共通コードとして作成した「get_base_args」関数に、この章でのプログラム特有に必要となるパラメーターを追加し、「PrunedTree」クラスの作成時に引数として与えてやります。

**SOURCE CODE** | pruning.pyのコード

```python
if __name__ == '__main__':
    import pandas as pd
    np.random.seed( 1 )
    ps = support.get_base_args()
    ps.add_argument( '--depth', '-d', type=int, default=5, help='Max Tree Depth' )
    ps.add_argument( '--test', '-t', action='store_true', help='Test split for pruning' )
    ps.add_argument( '--pruning', '-p', default='critical', help='Pruning Algorithm' )
    ps.add_argument( '--ratio', '-a', type=float, default=0.5, help='Test size for pruning' )
    ps.add_argument( '--critical', '-l', type=float, default=0.8, help='Value for Critical Pruning' )
    args = ps.parse_args()

    df = pd.read_csv( args.input, sep=args.separator, header=args.header, index_col=args.indexcol )
    x = df[ df.columns[ :-1 ] ].values
```

▼

122

■ SECTION-015 ■ プルーニング用の決定木

```python
if not args.regression:
    y, clz = support.clz_to_prob( df[ df.columns[ -1 ] ] )
    mt = entropy.gini
    lf = ZeroRule
    plf = PrunedTree( prunfnc=args.pruning, pruntest=args.test, splitratio=args.ratio,
            critical=args.critical, metric=mt, leaf=lf, max_depth=args.depth )
    support.report_classifier( plf, x, y, clz, args.crossvalidate )
else:
    y = df[ df.columns[ -1 ] ].values.reshape( ( -1, 1 ) )
    mt = entropy.deviation
    lf = Linear
    plf = PrunedTree( prunfnc=args.pruning, pruntest=args.test, splitratio=args.ratio,
            critical=args.critical, metric=mt, leaf=lf, max_depth=args.depth )
    plf.fit( x, y )
    support.report_regressor( plf, x, y, args.crossvalidate )
```

◆ 最終的なコード

　以上の内容をつなげると、決定木モデルの学習と、評価を行うプログラムが完成します。最終的な「pruning.py」の内容は、次のようになります。

**SOURCE CODE** ‖ pruning.pyのコード

```python
import numpy as np
import support
import entropy
from zeror import ZeroRule
from linear import Linear
from dtree import DecisionTree


def reducederror( node, x, y ):
    # ノードが葉でなかったら
    if isinstance( node, PrunedTree ):
        # 左右の分割を得る
        feat = x[ :,node.feat_index ]
        val = node.feat_val
        l, r = node.make_split( feat, val )
        # 左左右にデータが振り分けられるか
        if val is np.inf or len( r ) == 0:
            return reducederror( node.left, x, y ) # 1つの枝のみの場合、その枝で置き換える
        elif len( l ) == 0:
            return reducederror( node.right, x, y ) # 1つの枝のみの場合、その枝で置き換える
        # 左右の枝を更新する
        node.left = reducederror( node.left, x[l], y[l] )
        node.right = reducederror( node.right, x[r], y[r] )
        # 学習データに対するスコアを計算する
        p1 = node.predict( x )
        p2 = node.left.predict( x )
```

123

■ SECTION-015 ■ プルーニング用の決定木

```python
      p3 = node.right.predict( x )
      # クラス分類かどうか
      if y.shape[1] > 1:
        # 誤分類の個数をスコアにする
        ya = y.argmax( axis=1 )
        d1 = np.sum( p1.argmax( axis=1 ) != ya )
        d2 = np.sum( p2.argmax( axis=1 ) != ya )
        d3 = np.sum( p3.argmax( axis=1 ) != ya )
      else:
        # 二乗平均誤差をスコアにする
        d1 = np.mean( ( p1 - y ) ** 2 )
        d2 = np.mean( ( p2 - y ) ** 2 )
        d3 = np.mean( ( p3 - y ) ** 2 )
      if d2 <= d1 or d3 <= d1: # 左右の枝どちらかだけでスコアが悪化しない
        # スコアの良い方の枝を返す
        if d2 < d3:
          return node.left
        else:
          return node.right
  # 現在のノードを返す
  return node


def getscore( node, score ):
  # ノードが葉でなかったら
  if isinstance( node, PrunedTree ):
    if node.score >= 0 and node.score is not np.inf:
      score.append( node.score )
    getscore( node.left, score )
    getscore( node.right, score )


def criticalscore( node, score_max ):
  # ノードが葉でなかったら
  if isinstance( node, PrunedTree ):
    # 左右の枝を更新する
    node.left = criticalscore( node.left, score_max )
    node.right = criticalscore( node.right, score_max )
    # ノードを削除
    if node.score > score_max:
      leftisleaf = not isinstance( node.left, PrunedTree )
      rightisleaf = not isinstance( node.right, PrunedTree )
      # 両方とも葉ならば1つの葉にする
      if leftisleaf and rightisleaf:
        return node.left
      # どちらかが枝ならば枝の方を残す
      elif leftisleaf and not rightisleaf:
        return node.right
      elif not leftisleaf and rightisleaf:
```

■ SECTION-015 ■ プルーニング用の決定木

```python
                    return node.left
                # どちらも枝ならばスコアの良い方を残す
                elif node.left.score < node.right.score:
                    return node.left
                else:
                    return node.right
        # 現在のノードを返す
        return node


class PrunedTree( DecisionTree ):
    def __init__( self, prunfnc='critical', pruntest=False, splitratio=0.5, critical=0.8,
            max_depth=5, metric=entropy.gini, leaf=ZeroRule, depth=1 ):
        super().__init__( max_depth=max_depth, metric=metric, leaf=leaf, depth=depth )
        self.prunfnc = prunfnc    # プルーニング用関数
        self.pruntest = pruntest  # プルーニング用にテスト用データを取り分けるか
        self.splitratio = splitratio  # プルーニング用テストデータの割合
        self.critical = critical  # "critical"プルーニング用の閾値

    def get_node( self ):
        # 新しくノードを作成する
        return PrunedTree( prunfnc=self.prunfnc, max_depth=self.max_depth,
            metric=self.metric, leaf=self.leaf, depth=self.depth + 1 )

    def fit_leaf( self, x, y ):
        # 説明変数から分割した左右のインデックスを取得
        feat = x[ :,self.feat_index ]
        val = self.feat_val
        l, r = self.make_split( feat, val )
        # 葉のみを学習させる
        if len(l) > 0:
            if isinstance( self.left, PrunedTree ):
                self.left.fit_leaf( x[l], y[l] )
            else:
                self.left.fit( x[l], y[l] )
        if len(r) > 0:
            if isinstance( self.right, PrunedTree ):
                self.right.fit_leaf( x[r], y[r] )
            else:
                self.right.fit( x[r], y[r] )

    def fit( self, x, y ):
        # 深さ＝1、根のノードのときのみ
        if self.depth == 1 and self.prunfnc is not None:
            # プルーニングに使うデータ
            x_t, y_t = x, y
```

125

■ SECTION-015 ■ プルーニング用の決定木

```
# プルーニング用にテスト用データを取り分けるならば                                    ▼
if self.pruntest:
    # 学習データとテスト用データを別にする
    n_test = int( round( len( x ) * self.splitratio ) )
    n_idx = np.random.permutation( len( x ) )
    tmpx = x[ n_idx[ n_test: ] ]
    tmpy = y[ n_idx[ n_test: ] ]
    x_t = x[ n_idx[ :n_test ] ]
    y_t = y[ n_idx[ :n_test ] ]
    x = tmpx
    y = tmpy

# 決定木の学習・・・"critical"プルーニング時は木の分割のみ
self.left = self.leaf()
self.right = self.leaf()
left, right = self.split_tree( x, y )
if self.depth < self.max_depth:
    if len( left ) > 0:
        self.left = self.get_node()
    if len( right ) > 0:
        self.right = self.get_node()
if self.depth < self.max_depth or self.prunfnc != 'critical':
    if len( left ) > 0:
        self.left.fit( x[ left ], y[ left ] )
    if len( right ) > 0:
        self.right.fit( x[ right ], y[ right ] )

# 深さ＝1、根のノードのときのみ
if self.depth == 1 and self.prunfnc is not None:
    if self.prunfnc == 'reduce':
        # プルーニングを行う
        reducederror( self, x_t, y_t )
    elif self.prunfnc == 'critical':
        # 学習時のMetrics関数のスコアを取得する
        score = []
        getscore( self, score )
        if len( score ) > 0:
            # スコアから残す枝の最大スコアを計算
            i = int( round( len( score ) * self.critical ) )
            score_max = sorted( score )[ min( i, len( score ) - 1 ) ]
            # プルーニングを行う
            criticalscore( self, score_max )
        # 葉を学習させる
        self.fit_leaf( x, y )

return self
```
                                                                            ▼

■ SECTION-015 ■ プルーニング用の決定木

```
if __name__ == '__main__':
  import pandas as pd
  np.random.seed( 1 )
  ps = support.get_base_args()
  ps.add_argument( '--depth', '-d', type=int, default=5, help='Max Tree Depth' )
  ps.add_argument( '--test', '-t', action='store_true', help='Test split for pruning' )
  ps.add_argument( '--pruning', '-p', default='critical', help='Pruning Algorithm' )
  ps.add_argument( '--ratio', '-a', type=float, default=0.5, help='Test size for pruning' )
  ps.add_argument( '--critical', '-l', type=float, default=0.8, help='Value for Critical
Pruning' )
  args = ps.parse_args()

  df = pd.read_csv( args.input, sep=args.separator, header=args.header, index_col=args.indexcol )
  x = df[ df.columns[ :-1 ] ].values

  if not args.regression:
    y, clz = support.clz_to_prob( df[ df.columns[ -1 ] ] )
    mt = entropy.gini
    lf = ZeroRule
    plf = PrunedTree( prunfnc=args.pruning, pruntest=args.test, splitratio=args.ratio,
        critical=args.critical, metric=mt, leaf=lf, max_depth=args.depth )
    support.report_classifier( plf, x, y, clz, args.crossvalidate )
  else:
    y = df[ df.columns[ -1 ] ].values.reshape( ( -1, 1 ) )
    mt = entropy.deviation
    lf = Linear
    plf = PrunedTree( prunfnc=args.pruning, pruntest=args.test, splitratio=args.ratio,
        critical=args.critical, metric=mt, leaf=lf, max_depth=args.depth )
    plf.fit( x, y )
    support.report_regressor( plf, x, y, args.crossvalidate )
```

◆ 決定木の学習と実行

以上で「pruning.py」が完成したので、前章と同じようにCHAPTER 01でダウンロードした検証用のデータセットに対して実行します。

まず、「-c」オプション引数を付けずにプログラムを実行すると、学習した決定木の構造が表示されます。例として「iris」データセットに対して深さ=7の決定木を作成すると、その結果は次のようになりました。

この結果を見ると、プルーニングによってノードが削除され、「-d」オプション引数で指定した深さの完全二分木よりも、シンプルな決定木となっていることが確認できます。また、隣接する葉の内容がすべて異なっていること、深さを増やしても決定木の構造がこれ以上は変化しないことからも、プルーニングによって学習データに対する最小の決定木が作成されていることがわかります。

127

■ SECTION-015 ■ プルーニング用の決定木

```
$ python3 pruning.py -i iris.data -d 7 -p reduce
Model:
 if feat[ 2 ] <= 3.000000 then:
  [1. 0. 0.]
 else
 +if feat[ 3 ] <= 1.800000 then:
 ++if feat[ 2 ] <= 5.000000 then:
 +++if feat[ 3 ] <= 1.700000 then:
 ||| [0. 1. 0.]
 |||else
 ||| [0. 0. 1.]
 ||else
 +++if feat[ 3 ] <= 1.600000 then:
 ||| [0. 0. 1.]
 |||else
 ++++if feat[ 0 ] <= 7.200000 then:
 |||| [0. 1. 0.]
 ||||else
 |||| [0. 0. 1.]
 |else
 ++if feat[ 2 ] <= 4.900000 then:
 +++if feat[ 0 ] <= 6.000000 then:
 ||| [0. 1. 0.]
 |||else
 ||| [0. 0. 1.]
 ||else
 || [0. 0. 1.]
Train Score:
                  precision    recall  f1-score   support

    Iris-setosa       1.00      1.00      1.00        50
 Iris-versicolor      1.00      1.00      1.00        50
  Iris-virginica      1.00      1.00      1.00        50

       micro avg      1.00      1.00      1.00       150
       macro avg      1.00      1.00      1.00       150
    weighted avg      1.00      1.00      1.00       150
```

　次に、交差検証のスコアを作成して、ベンチマークや前章のスコアと比べてみます。ここで
は過学習が起きやすいよう深さ=7の決定木を作成し、2つのプルーニングアルゴリズムによる
プルーニングを行った際の、交差検証の値を表示します。プルーニングのパラメーターとして
は、学習データと同じデータを使用して枝刈りを行い、Critical Valueプルーニングでは20%
のノードを削除するようにします。

128

■ SECTION-015 ■ プルーニング用の決定木

| target | function | PrunedTree | | Critical |
|---|---|---|---|---|
| | | Reduce Error | | |
| プルーニングのテストデータ | | 同じ | 50:50 | |
| iris | F1Score | 0.94076 | 0.92038 | 0.81052 |
| | Accuracy | 0.94000 | 0.92000 | 0.81333 |
| sonar | F1Score | 0.77629 | 0.70065 | 0.72642 |
| | Accuracy | 0.77404 | 0.70192 | 0.73077 |
| glass | F1Score | 0.68459 | 0.64131 | 0.40792 |
| | Accuracy | 0.68692 | 0.66355 | 0.49533 |
| airfoil | R2Score | 0.80249 | 0.71463 | 0.59540 |
| | MeanSquared | 9.2889 | 13.419 | 18.733 |
| winequality-red | R2Score | 0.25772 | 0.23372 | 0.29883 |
| | MeanSquared | 0.47135 | 0.49347 | 0.45203 |
| winequality-white | R2Score | 0.29143 | 0.27620 | 0.25135 |
| | MeanSquared | 0.55402 | 0.56599 | 0.58287 |

　この表を、CHAPTER 04の107ページにあるDecisionTreeの結果における、深さ=7のスコアと比べてみると、いくつかのデータセットにおいてスコアの向上が見られます。上記の表は交差検証のスコアなので、それによりプルーニングによって汎化誤差が減少していることが確認できます。

# CHAPTER 06

## バギング

# SECTION-016
# 決定木のバギング

## ●バギングの概要

この章からは、前章までに作成した決定木を要素として使用する、アンサンブル学習のアルゴリズムについて解説していきます。

アンサンブル学習とは、複数の機械学習モデルを組み合わせることで、結果として優れたモデルを作成する手法のことです。決定木アルゴリズムにおいて、葉の部分に別の機械学習モデルを使用したのと同じように、アンサンブル学習においても、ベースとなる機械学習モデルが存在しており、そのモデルをどのように組み合わせるかのアイデアが、アンサンブル学習の基本となります。

この章では、アンサンブル学習の中でも簡単な**バギング**というアルゴリズムについて解説します。

### ◆ 確率的に汎化誤差を減少させる

これまでにも見てきたように、決定木などの機械学習モデルにおいては、モデルの表現力を高めるよりも、いかに汎化誤差を減少させるかが、良い機械学習モデルを作成するための要点となります。

バギングのアルゴリズムでは、複数の異なる機械学習モデルを学習させて、それらの平均的な結果を求めることで、確率的に汎化誤差を減少させるというアプローチを取ります。

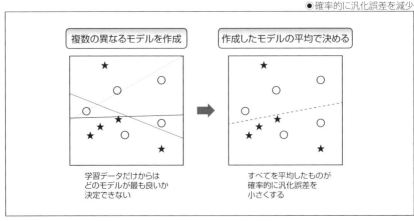

●確率的に汎化誤差を減少

複数の機械学習モデルの平均を求めるためには、回帰であれば単純な平均値を、クラス分類であれば多数決やクラスの存在する確率の平均値などを使用します。

一般的な二乗平均誤差に関する不等式を使用して、このアプローチを説明してみましょう。Eを平均を表す記号として、一般的に次の不等式が成り立ちます。

$$EZ^2 \geq (EZ)^2$$

そして、この不等式を関数¢に対して一般化すると、次のようになります。

$$E¢^2(x) \geq [E¢(x)]^2$$

ここで関数¢を機械学習モデルの残差を求める関数とすると、この不等式は、複数のモデルの実行結果の平均を取るとその二乗平均誤差は、複数の異なるモデルの実行結果の二乗平均誤差の平均より、下回るか少なくとも同程度であることを示しています。そして誤差がどのくらい減少するかは、それぞれのモデルがどの位異なっているかに依存します。

すべてのモデルが同じであれば、上記の不等式は等式となり、性能の向上は見込めません。一方で、モデルが異なるほど複数のモデルを使用することで結果を改善できます。このことは、バギングにおいては性能を向上させるために、トレードオフとなる分岐点が存在していることを表しています。

つまり、1つひとつの機械学習モデルを正確に作成する事で性能を向上させるか、1つひとつの機械学習モデルは不正確でも、最終的に正確になることを期待して、あえてもとのデータとは異なるデータを学習させるかをトレードするか、です。これは通常、バギングの際に、もとのデータからどの程度の割合を一度の学習用に取り出すか、外部から与えるパラメーターとして指定します。

この不等式からわかる通りバギングは、もともとの機械学習モデルが不完全であることが前提であり、もともと非常に良い結果をもたらす機械学習モデルがあった場合、その機械学習モデルに対してバギングを使用しても、性能の伸びしろは少ないことになります。

◆ 学習データのランダムサンプル

複数の機械学習モデルでその平均を取る点は、後の章で解説するスタッキングと似ていますが、バギングでは単一の学習データから、複数の機械学習モデルを作成するために、学習データからランダムサンプリングによってそれぞれの機械学習モデル用のデータを生成する手法を用います。

つまり、もともとの学習データから、ランダムにデータ抽出することを繰り返して各機械学習モデル用のデータとします。

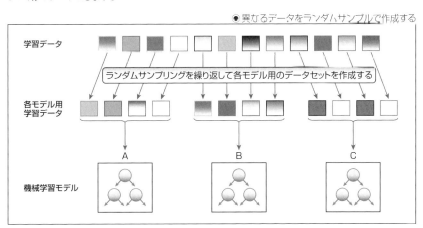

● 異なるデータをランダムサンプルで作成する

■ SECTION-016 ■ 決定木のバギング

　ここで、「ランダムな抽出をN回繰り返す」ことは、「ランダムにN個のデータを選択する」こととは異なっている点に注意してください。バギングでは、各モデル用のデータを生成するために、ランダムな抽出を繰り返します。そのため、各モデル用のデータにはデータの重複が認められますし、各モデルに学習させるデータのサイズは、もともとのデータサイズに依存しない（同じかより大きいデータでも可能）となります。

　この、「ランダムな抽出をN回繰り返す」ことでもとのデータから重複を許すサブセットを生成する手法は、統計の分野では「**ブートストラップ法**」と呼ばれています。ブートストラップ法で生成されたデータには、もともとのデータにおける統計的な推定量を近似するという特徴があり、その性質を機械学習に応用した手法が、バギングのアルゴリズムというわけです（実際、バギングの名前は「**Bootstrap AGGregatING**」というややわざとらしい略称とされています[6-1]）。

　ブートストラップを用いると、統計的に動作する機械学習モデルにおいて、複数の異なるモデルの誤差の平均は、もともとのデータに対するモデルの誤差を近似することになるので、バギングの実行結果の誤差（複数の異なるモデルの平均の誤差）は、その誤差より下回るか少なくとも同程度となることが期待できるのです。

## ▶ バギングの実装

　このように、バギングのアルゴリズムは極めて単純な処理の繰り返しに過ぎないので、実際のプログラムコードも簡単に実装することができます。

　ここでは、バギングの実装は「Bagging」というクラスに作成し、決定木などの機械学習モデルはパラメーターとして渡すことで、使用する機械学習モデルを変更できるようにします。

　まず、「bagging.py」という名前のファイルを作成し、次のコードを保存します。

**SOURCE CODE** | bagging.pyのコード

```python
import numpy as np
import support
import random
import entropy
from zeror import ZeroRule
from linear import Linear
from pruning import PrunedTree

class Bagging:
    def __init__( self, n_trees=5, ratio=1.0, tree=PrunedTree, tree_params={} ):
        self.n_trees = n_trees
        self.ratio = ratio
        self.tree = tree
        self.tree_params = tree_params
        self.trees = []
```

[6-1] Leo Breiman. Bagging Predictors. Machine Learning. 24 123-140 (1996).
http://www.machine-learning.martinsewell.com/ensembles/bagging/Breiman1996.pdf

■ SECTION-016 ■ 決定木のバギング

クラスの「__init__」関数に渡される引数にある、「n_trees」は作成する機械学習モデルの数、「ratio」はバギングの際にランダムな抽出を行う数の、もともとのデータサイズに対する割合とします。また、「tree」と「tree_params」で決定木などの機械学習モデルとその機械学習モデル用のパラメーターを指定できるようにしました。

クラス内に作成する変数「trees」は、学習させる機械学習モデルのリストとなります。

◆ バギングの学習

次に、実際に学習を行うコードを作成します。

これまでの章と同じく、「Bagging」クラス内に「fit」という名前の関数を作成し、そこに学習のコードを記述します。ここで作成する「fit」関数の内容は、先ほど紹介したバギングのアルゴリズムをそのまま実装したもので、次のようになります。

**SOURCE CODE** ‖ bagging.pyのコード

```python
def fit( self, x, y ):
    # 機械学習モデル用のデータの数
    n_sample = int( round( len( x ) * self.ratio ) )
    for _ in range( self.n_trees ):
        # 重複ありランダムサンプルで学習データへのインデックスを生成する
        index = random.choices( np.arange( len( x ) ), k=n_sample )
        # 新しい機械学習モデルを作成する
        tree = self.tree( **self.tree_params )
        # 機械学習モデルを1つ学習させる
        tree.fit( x[ index ], y[ index ] )
        # 機械学習モデルを保存
        self.trees.append( tree )
    return self
```

上記のコードではまずデータの長さと各モデル用学習データの割合から、ランダムに抽出する長さを作成し、指定された機械学習モデルの数だけループ処理を行います。

ループの中では、「np.arange」で作成した連番の値から「random.choices」関数を使用してランダムな抽出を行い、学習データのインデックスとします。

Pythonの「random」パッケージにある「random.choices」関数と「random.sample」関数は似たような機能を持つ関数ですが、「random.choices」関数は重複を認めるランダムな抽出の繰り返し、「random.sample」関数は重複のないランダムな選択を行います。

そして、与えられた機械学習モデルのクラスを呼び出して新しいインスタンスを作成し、学習を行った後で「self.trees」に追加していきます。

■ SECTION-016 ■ 決定木のバギング

◆ バギングの実行

バギングの実行では、「self.trees」に保存しておいた機械学習モデルすべての出力の、平均を取って返すことになります。本書で使用する共通のデータ形式では、クラス分類の場合も、クラスに属する可能性を表す二次元配列を使用するようになっているので、単純にデータの次元方向で平均値を取ることができます。

そこで、バギングの実行を行うコードは次のようになります。

```
SOURCE CODE  bagging.pyのコード
def predict( self, x ):
    # すべての機械学習モデルの結果をリストにする
    z = [ tree.predict( x ) for tree in self.trees ]
    # リスト内の結果の平均をとって返す
    return np.mean( z, axis=0 )
```

また、これまでの章と同じく、バギング後の機械学習モデルを文字列として表示するための「__str__」関数も実装します。これは、「self.trees」に保存しておいた機械学習モデルすべての文字列表現をつなげて作成します。

```
SOURCE CODE  bagging.pyのコード
def __str__( self ):
    return '\n'.join( [ 'tree#%d\n%s'%( i, tree ) for i, tree in enumerate( self.trees ) ] )
```

最後に、プログラムとして「bagging.py」を実行したときのコードを作成します。この章では「random」パッケージの乱数を使用しているので、最初に乱数種を初期化しておき、その後は学習に必要なパラメーターをプログラム引数から抽出して、「Bagging」クラスを作成します。

なお、ここでは、バギングアルゴリズムの要素となるアルゴリズムは前章で作成した「Pruned Tree」クラスとし、決定木の学習に使用するエントロピー関数はGini impurityおよび標準偏差としています。

```
SOURCE CODE  bagging.pyのコード
if __name__ == '__main__':
    random.seed( 1 )
    import pandas as pd
    ps = support.get_base_args()
    ps.add_argument( '--trees', '-t', type=int, default=5, help='Num of Trees' )
    ps.add_argument( '--ratio', '-p', type=float, default=1.0, help='Bagging size' )
    ps.add_argument( '--depth', '-d', type=int, default=5, help='Max Tree Depth' )
    args = ps.parse_args()

    df = pd.read_csv( args.input, sep=args.separator, header=args.header, index_col=args.indexcol )
    x = df[ df.columns[ :-1 ] ].values

    if not args.regression:
        y, clz = support.clz_to_prob( df[ df.columns[ -1 ] ] )
```

■ SECTION-016 ■ 決定木のバギング

```python
    plf = Bagging( n_trees=args.trees, ratio=args.ratio,
      tree_params={ 'max_depth':args.depth, 'metric':entropy.gini, 'leaf':ZeroRule } )
    support.report_classifier( plf, x, y, clz, args.crossvalidate )
  else:
    y = df[ df.columns[ -1 ] ].values.reshape( ( -1, 1 ) )
    plf = Bagging( n_trees=args.trees, ratio=args.ratio,
      tree_params={ 'max_depth':args.depth, 'metric':entropy.deviation, 'leaf':Linear } )
    support.report_regressor( plf, x, y, args.crossvalidate )
```

◆最終的なコード

以上の内容をつなげると、バギングアルゴリズムによる学習と評価を行うプログラムが完成しました。最終的な「bagging.py」の内容は、次のようになります。

**SOURCE CODE ‖ bagging.pyのコード**

```python
import numpy as np
import support
import random
import entropy
from zeror import ZeroRule
from linear import Linear
from pruning import PrunedTree


class Bagging:
  def __init__( self, n_trees=5, ratio=1.0, tree=PrunedTree, tree_params={} ):
    self.n_trees = n_trees
    self.ratio = ratio
    self.tree = tree
    self.tree_params = tree_params
    self.trees = []

  def fit( self, x, y ):
    # 機械学習モデル用のデータの数
    n_sample = int( round( len( x ) * self.ratio ) )
    for _ in range( self.n_trees ):
      # 重複ありランダムサンプルで学習データへのインデックスを生成する
      index = random.choices( np.arange( len( x ) ), k=n_sample )
      # 新しい機械学習モデルを作成する
      tree = self.tree( **self.tree_params )
      # 機械学習モデルを1つ学習させる
      tree.fit( x[ index ], y[ index ] )
      # 機械学習モデルを保存
      self.trees.append( tree )
    return self

  def predict( self, x ):
    # すべての機械学習モデルの結果をリストにする
    z = [ tree.predict( x ) for tree in self.trees ]
```

137

■ SECTION-016 ■ 決定木のバギング

```python
    # リスト内の結果の平均をとって返す
    return np.mean( z, axis=0 )

  def __str__( self ):
    return '\n'.join( [ 'tree#%d\n%s'%( i, tree ) for i, tree in enumerate( self.trees ) ] )


if __name__ == '__main__':
  random.seed( 1 )
  import pandas as pd
  ps = support.get_base_args()
  ps.add_argument( '--trees', '-t', type=int, default=5, help='Num of Trees' )
  ps.add_argument( '--ratio', '-p', type=float, default=1.0, help='Bagging size' )
  ps.add_argument( '--depth', '-d', type=int, default=5, help='Max Tree Depth' )
  args = ps.parse_args()

  df = pd.read_csv( args.input, sep=args.separator, header=args.header, index_col=args.indexcol )
  x = df[ df.columns[ :-1 ] ].values

  if not args.regression:
    y, clz = support.clz_to_prob( df[ df.columns[ -1 ] ] )
    plf = Bagging( n_trees=args.trees, ratio=args.ratio,
      tree_params={ 'max_depth':args.depth, 'metric':entropy.gini, 'leaf':ZeroRule } )
    support.report_classifier( plf, x, y, clz, args.crossvalidate )
  else:
    y = df[ df.columns[ -1 ] ].values.reshape( ( -1, 1 ) )
    plf = Bagging( n_trees=args.trees, ratio=args.ratio,
      tree_params={ 'max_depth':args.depth, 'metric':entropy.deviation, 'leaf':Linear } )
    support.report_regressor( plf, x, y, args.crossvalidate )
```

◆ バギングの学習と実行

　以上で「**bagging.py**」が完成したので、前章と同じようにCHAPTER 01でダウンロードした検証用のデータセットに対して実行します。

　「**-t**」オプション引数で作成する機械学習モデルの数を指定できるので、ここでは5個、10個、20個に指定し、その結果のスコアを取得します。なお、本書のコードではバギングの並列処理は行っていないので、特に葉に確率的勾配降下法を使用する回帰において、かなりの実行時間が必要になります。実行が完了するのを待ち、表示されるスコアを表にすると次のようになります。

■ SECTION-016 ■ 決定木のバギング

| target | function | バギング | | |
|---|---|---|---|---|
| | | モデル数=5 | モデル数=10 | モデル数=20 |
| iris | F1Score | 0.96749 | 0.96028 | 0.97393 |
| | Accuracy | 0.96667 | 0.96000 | 0.97333 |
| sonar | F1Score | 0.78713 | 0.79754 | 0.79274 |
| | Accuracy | 0.79327 | 0.80289 | 0.79808 |
| glass | F1Score | 0.63369 | 0.66184 | 0.67126 |
| | Accuracy | 0.67757 | 0.70561 | 0.71495 |
| airfoil | R2Score | 0.80463 | 0.80480 | 0.80412 |
| | MeanSquared | 9.1235 | 9.1313 | 9.1546 |
| winequality-red | R2Score | 0.43824 | 0.43795 | 0.43741 |
| | MeanSquared | 0.36100 | 0.36142 | 0.36172 |
| winequality-white | R2Score | 0.38515 | 0.39189 | 0.39037 |
| | MeanSquared | 0.48055 | 0.47530 | 0.47631 |

　この表を、ベースとして使用している「PrunedTree」クラスのスコアと比べてみると、すべてのパターンでより良い結果となっています。上記の表は交差検証のスコアなので、これによりバギングによって汎化誤差が減少していることがわかります。

　また、これまでの章ではじめて、ベンチマークのスコアに対して、すべてのパターンで上回る結果となりました。このように、バギングによるアンサンブル学習はデータに対する安定度が高く、どのようなデータに対しても一定の結果を期待できる点が特徴となります。

06
CHAPTER
バギング

## SECTION-017

# ランダムフォレスト

### ● ランダムフォレストの概要

先ほど作成した、単純なバギングでは、学習データの数が多くなると、すべての機械学習モデルがほとんど同じように学習されてしまうという問題があります。

そこで、バギングで使用する機械学習モデルの側に工夫を凝らすことでその問題を解決した応用があり、実際にはそうした応用アルゴリズムの方がよく利用されます。

ここで作成する**ランダムフォレスト**は、そうしたバギングアルゴリズムの応用の、最も代表的なものです。

#### ◆ ランダムに異なる決定木の作成

この、すべての決定木がほとんど同じように学習されてしまうという問題は、決定木の学習が決定的に行われるために発生する問題です。バギングアルゴリズムでは、それぞれの機械学習モデルが異なる風に学習されるという前提で実行されるので、すべての決定木が同じように学習されてしまうと、アンサンブル学習の効果がなくなってしまうのです。

そのため、ランダムフォレストでは、使用する決定木の学習において乱数を使用することで、ランダムに異なっている決定木を作成します。この、ランダムに異なる複数の決定木を使用することが、ランダムフォレストの名前の由来となっています[6-2]。

ランダムに異なるような決定木の学習は、決定木の枝を分割する際に、学習データの中から最もよく目的変数を分割する次元を発見する処理で、検索するデータ内の次元をランダムに選択することで実現します。

つまり、1つのノードを学習させる際に、学習データに含まれるデータの次元から、ランダムにN個の次元を選択した上で、選択された次元の中で最もよく目的変数を分割する次元と値を検索します。

こうすることで、バギングに使用する決定木がまったく同じように学習されてしまうことを防ぐと同時に、決定木の学習において内側のループ処理を削減できるため、学習の高速化にもつながります。

さらに、バギングは並列処理が可能なので、ランダムフォレストはそれなりに高速かつそこそこの精度を期待できる、汎用の機械学習アルゴリズムとして使用されることがあります。

### ● ランダムフォレストの実装

それでは実際にランダムフォレストのアルゴリズムを実装します。前述のように、「ランダムフォレスト＝バギング+ランダムな学習を行う決定木」なので、まずはランダムな学習を行う決定木を作成します。

---

[6-1] Leo Breiman. Random Forests. Machine Learning, Volume 45, 1 5-32, 2001.
https://www.stat.berkeley.edu/~breiman/randomforest2001.pdf

■ SECTION-017 ■ ランダムフォレスト

◆ ランダムツリー

ランダムな学習を行う決定木は、「RandomTree」という名前のクラスとして作成し、プルーニングを行うために「PrunedTree」クラスの派生クラスとして作成します。

まずは「randomforest.py」という名前のファイルを作成し、次のコードを保存します。

```
SOURCE CODE    randomforest.pyのコード
```

```python
import numpy as np
import support
import random
import entropy
from zeror import ZeroRule
from linear import Linear
from pruning import PrunedTree
from bagging import Bagging

class RandomTree( PrunedTree ):
    def __init__( self, features=5, max_depth=5, metric=entropy.gini, leaf=ZeroRule, depth=1 ):
        super().__init__( max_depth=max_depth, metric=metric, leaf=leaf, depth=depth )
        self.features = features
```

「RandomTree」クラスでは、決定木の学習に必要なパラメーターの他に、「features」としてノードの分割の際に選択する次元の数を指定します。

決定木のノードにおいてデータを分割する際に、学習データの次元数から、指定された数の次元をランダムに選択して、その中から最適な値を選択することで、ランダムな決定木の学習を行います。

◆ ランダムツリーの学習

次に、「RandomTree」クラスの学習に必要なコードを作成します。決定木の学習そのものは、これまでの章で作成したコードを基底クラスの「PrunedTree」クラス経由で利用できるので、ここで作成するのは、データを左右の枝へと振り分けるための「split_tree」関数と、新しいノードを作成する「get_node」関数だけです。

まずは「split_tree」関数は、次のようになります。

```
SOURCE CODE    randomforest.pyのコード
```

```python
def split_tree( self, x, y ):
    # 説明変数内の次元から、ランダムに使用する次元を選択する
    index = random.sample( range( x.shape[1] ), min( self.features, x.shape[1] ) )
    # 説明変数内の選択された次元のみ使用して分割
    result = self.split_tree_fast( x[ :,index ], y )
    # 分割の次元を、もとの次元に戻す
    self.feat_index = index[ self.feat_index ]
    return result
```

■ SECTION-017 ■ ランダムフォレスト

　ここでは、CHAPTER 04の100ページで作成した高速化版の「split_tree_fast」関数を使用しています。説明変数のすべての次元から最適な値を検索しているのを、説明変数内の次元からランダムに選択された次元から、最適な値を検索するように変わっていることがわかります。

　これにより、バギングの過程において異なる決定木が学習されるようになります。次に、新しいノードを作成する「get_node」関数を作成します。この関数は、新しく「RandomTree」クラスを作成して返すだけで、内容は次のようになります。

**SOURCE CODE** | randomforest.pyのコード

```python
def get_node( self ):
  # 新しくノードを作成する
  return RandomTree( features=self.features, max_depth=self.max_depth,
      metric=self.metric, leaf=self.leaf, depth=self.depth + 1 )
```

## ● ランダムフォレストの実行

　以上で作成した「RandomTree」クラスと、前節で作成した「Bagging」クラスを組み合わせれば、ランダムフォレストのアルゴリズムは完成します。

　最後に、プログラムとして「randomforest.py」を実行したときのコードを作成します。そのためのコードは前節のものとほぼ同じで、使用する機械学習モデルを「RandomTree」に変更している点と、プログラムのパラメーター引数として「features」でデータの分割時に選択する次元の数を指定できるようにしている点のみが異なっています。

**SOURCE CODE** | randomforest.pyのコード

```python
if __name__ == '__main__':
  random.seed( 1 )
  import pandas as pd
  ps = support.get_base_args()
  ps.add_argument( '--trees', '-t', type=int, default=5, help='Num of Trees' )
  ps.add_argument( '--ratio', '-p', type=float, default=1.0, help='Bagging size' )
  ps.add_argument( '--features', '-f', type=int, default=5, help='Num of Features' )
  ps.add_argument( '--depth', '-d', type=int, default=5, help='Max Tree Depth' )
  args = ps.parse_args()

  df = pd.read_csv( args.input, sep=args.separator, header=args.header, index_col=args.indexcol )
  x = df[ df.columns[ :-1 ] ].values

  if not args.regression:
    y, clz = support.clz_to_prob( df[ df.columns[ -1 ] ] )
    plf = Bagging( n_trees=args.trees,
                   ratio=args.ratio,
                   tree=RandomTree,
                   tree_params={ 'features':args.features,
                                 'max_depth':args.depth,
```

■ SECTION-017 ■ ランダムフォレスト

```
                             'metric':entropy.gini,
                             'leaf':ZeroRule } )
    support.report_classifier( plf, x, y, clz, args.crossvalidate )
else:
    y = df[ df.columns[ -1 ] ].values.reshape( ( -1, 1 ) )
    plf = Bagging( n_trees=args.trees,
                   ratio=args.ratio,
                   tree=RandomTree,
                   tree_params={ 'features':args.features,
                                 'max_depth':args.depth,
                                 'metric':entropy.deviation,
                                 'leaf':Linear } )
    support.report_regressor( plf, x, y, args.crossvalidate )
```

## ◆ 最終的なコード

以上の内容をつなげると、ランダムフォレストの学習と、評価を行うプログラムが完成します。最終的な「randomforest.py」の内容は、次のようになります。

**SOURCE CODE** ‖ randomforest.pyのコード

```python
import numpy as np
import support
import random
import entropy
from zeror import ZeroRule
from linear import Linear
from pruning import PrunedTree
from bagging import Bagging

class RandomTree( PrunedTree ):
    def __init__( self, features=5, max_depth=5, metric=entropy.gini, leaf=ZeroRule, depth=1 ):
        super().__init__( max_depth=max_depth, metric=metric, leaf=leaf, depth=depth )
        self.features = features

    def split_tree( self, x, y ):
        # 説明変数内の次元から、ランダムに使用する次元を選択する
        index = random.sample( range( x.shape[1] ), min( self.features, x.shape[1] ) )
        # 説明変数内の選択された次元のみ使用して分割
        result = self.split_tree_fast( x[ :,index ], y )
        # 分割の次元を、もとの次元に戻す
        self.feat_index = index[ self.feat_index ]
        return result

    def get_node( self ):
        # 新しくノードを作成する
        return RandomTree( features=self.features, max_depth=self.max_depth,
            metric=self.metric, leaf=self.leaf, depth=self.depth + 1 )
```

143

■ SECTION-017 ■ ランダムフォレスト

```python
if __name__ == '__main__':
    random.seed( 1 )
    import pandas as pd
    ps = support.get_base_args()
    ps.add_argument( '--trees', '-t', type=int, default=5, help='Num of Trees' )
    ps.add_argument( '--ratio', '-p', type=float, default=1.0, help='Bagging size' )
    ps.add_argument( '--features', '-f', type=int, default=5, help='Num of Features' )
    ps.add_argument( '--depth', '-d', type=int, default=5, help='Max Tree Depth' )
    args = ps.parse_args()

    df = pd.read_csv( args.input, sep=args.separator, header=args.header, index_col=args.indexcol )
    x = df[ df.columns[ :-1 ] ].values

    if not args.regression:
        y, clz = support.clz_to_prob( df[ df.columns[ -1 ] ] )
        plf = Bagging( n_trees=args.trees,
                       ratio=args.ratio,
                       tree=RandomTree,
                       tree_params={ 'features':args.features,
                                     'max_depth':args.depth,
                                     'metric':entropy.gini,
                                     'leaf':ZeroRule } )
        support.report_classifier( plf, x, y, clz, args.crossvalidate )
    else:
        y = df[ df.columns[ -1 ] ].values.reshape( ( -1, 1 ) )
        plf = Bagging( n_trees=args.trees,
                       ratio=args.ratio,
                       tree=RandomTree,
                       tree_params={ 'features':args.features,
                                     'max_depth':args.depth,
                                     'metric':entropy.deviation,
                                     'leaf':Linear } )
        support.report_regressor( plf, x, y, args.crossvalidate )
```

■ SECTION-017 ■ ランダムフォレスト

◆ランダムフォレストの学習と実行

　以上で「randomforest.py」が完成したので、前章と同じようにCHAPTER 01でダウンロードした検証用のデータセットに対して実行します。

　ここでも、「-t」オプション引数で作成する機械学習モデルの数を指定できるので、ここでは5個と10個の数を指定し、その結果のスコアを取得します。

| target | function | RandomForest | | |
|---|---|---|---|---|
| | | モデル数=5 | モデル数=10 | モデル数=20 |
| iris | F1Score | 0.96731 | 0.97393 | 0.98060 |
| | Accuracy | 0.96667 | 0.97333 | 0.98000 |
| sonar | F1Score | 0.86739 | 0.88869 | 0.89116 |
| | Accuracy | 0.87019 | 0.88942 | 0.89423 |
| glass | F1Score | 0.67872 | 0.69167 | 0.70871 |
| | Accuracy | 0.71028 | 0.72430 | 0.74766 |
| airfoil | R2Score | 0.78406 | 0.79748 | 0.79778 |
| | MeanSquared | 10.059 | 9.4604 | 9.4516 |
| winequality-red | R2Score | 0.44684 | 0.44705 | 0.45013 |
| | MeanSquared | 0.35594 | 0.35536 | 0.35378 |
| winequality-white | R2Score | 0.39358 | 0.39587 | 0.40268 |
| | MeanSquared | 0.47412 | 0.47231 | 0.46700 |

　結果は、すべてのパターンでベンチマークを超えるスコアとなった他、同じ数の機械学習モデルを使用したバギングと比較しても、「Glass」「Wine Quality」データセットでスコアが向上し、その他のデータセットでもほぼ同等のスコアが出ています。

　学習時に使用するデータの次元数が少ないため、前節のバギングよりも高速に動作する（その分、機械学習モデルの数を増やすこともできる）ことを考えると、ランダムフォレストは実行効率の面で優れたアルゴリズムであることがわかります。

06
CHAPTER
バギング

145

# CHAPTER 07

## AdaBoost

# SECTION-018
# 重み付きクラス分類

## ●重み付きモデルとは

機械学習ではさまざまなデータを扱いますが、データの種類によっては、ある特定のデータが特に重要であり、その他のデータはあまり重視しなくてもよい、という場合があります。

そのような場合、学習データにそれぞれ「**重み**」を付けて、重み付きの機械学習モデルを学習させることになります。

アンサンブル学習のアルゴリズムの中には、このような重み付きモデルを前提に作成されているものがあるので、そのアルゴリズムを紹介する前に、まずこのような重み付きの機械学習モデルを実装しておきます。

### ◆学習データに対する重み

学習データに対する「重み」とは、学習させるデータセットに含まれているここのデータに対して、それぞれ学習結果に対して寄与する割合を設定する、ということを指します。

つまり、重みの大きいデータは機械学習モデルの学習結果に対して大きく寄与し、重みの少ないデータは学習結果にあまり影響を与えません。

●重み付きのクラス分類

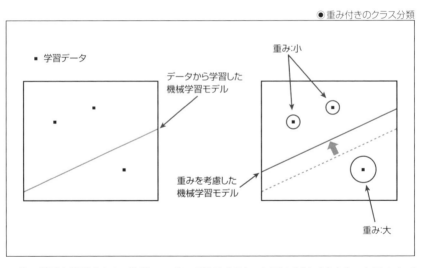

その様子を線形なクラス分類のモデルで例示すると、上図のようになります。上図の中で実線で表されたクラス分類のモデルは、重みを考慮しない場合はデータの個数の多い側(上側)の面積が広くなるように空間を分割しています(左図)。しかし、下側のデータの重みを大きく取って重み付きモデルを学習させると、その重みの分だけ空間を分割する線が移動することになります(右図)。

## ● 葉と分割の実装

これまでのCHAPTER 03からCHAPTER 05までに、決定木アルゴリズムを一から実装してきました。ここではそのアルゴリズムを1つひとつ、学習データに対する重みに対応したものにしていきます。

重み付きの機械学習モデルでは、データに対する重みも学習データの一部となります。つまり、データの学習時には重みを考慮しますが、機械学習モデルの実行時には重みは与えられません。データに対する重みは、あくまで機械学習モデルの学習結果に対して影響を与えます。

●重み付きモデルの学習

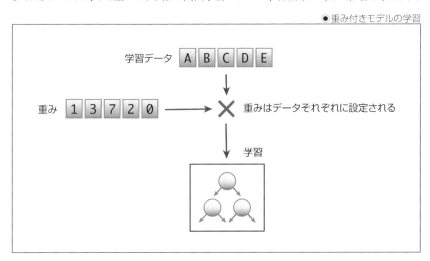

### ◆ 重み付きZeroRule

それでは実際に重み付きの機械学習モデルを実装します。まずは「weighted.py」という名前のファイルを作成し、次の内容を保存します。

**SOURCE CODE** | weighted.pyのコード

```
import numpy as np
import support
from zeror import ZeroRule
from dstump import DecisionStump
from pruning import PrunedTree, getscore, criticalscore
```

最初に重みに対応させるのは、「ルールなし」を表すZeroRuleです。ZeroRuleは学習データの平均を結果とするので、平均を取る関数を重み付き平均とすれば、重み付きの機械学習モデルが完成します。

「WeighedZeroRule」クラスを「ZeroRule」クラスの派生クラスとして、学習を行う「fit」関数を次のようにオーバーロードすれば、重み付きZeroRuleは完成です。

重み付き平均は、Numpyの「agerage」関数に「weights」引数を指定してやることで求めることができます。なお、ここで使用する「weight」の値は、すべての値を合計すると1になるように正規化されているものとします。

■ SECTION-018 ■ 重み付きクラス分類

SOURCE CODE | weighted.pyのコード

```python
# 重み付きの葉となるモデル
class WeighedZeroRule( ZeroRule ):
  def fit( self, x, y, weight ):
    # 重み付き平均を取る
    self.r = np.average( y, axis=0, weights=weight )
    return self
```

◆ 重み付きMetrics関数

　決定木の学習においてはMetrics関数でデータの分割スコアを計算していました。そこで、使用するMetrics関数をデータの重みに対応させ、葉の部分に先ほど作成した重み付きの機械学習モデルを使用することで、重み付きの決定木アルゴリズム作成することができます。

　ここではクラス分類のみを扱うので、CHAPTER 04で作成したMetrics関数のうち、Gini impurityとInformation gainをデータの重みに対応させます。

　Gini impurityとInformation gainの定義はCHAPTER 04でも紹介しましたが、下記に再掲します。数式内の、nはデータに含まれるクラスの個数、$p_i$はデータがクラスiである確率を表しています。

$$Gini(p) = \sum_{i=1}^{n} p_i(1 - p_i) = 1 - \sum_{i=1}^{n} p_i^2$$

　CHAPTER 04の85〜86ページの、「gini_org」「infgain_org」関数では、クラスの数をデータの個数で割ることで$p_i$を求めていました。

　ここで、データの重みを、合計が1になるように正規化されたものとして扱うならば、$p_i$はデータの重みそのものとなるので、$p_i$の代わりに重みの合計を使用すれば、データの重みを考慮したGini impurityとInformation gainが完成します。

　そのためのコードを「w_gini」「w_infogain」という名前の関数で実装すると、次のようになります。

SOURCE CODE | weighted.pyのコード

```python
def w_gini( y, weight ):
  i = y.argmax( axis=1 )
  clz = set( i )
  score = 0.0
  for val in clz:
    p = weight[ i==val ].sum()
    score += p ** 2
  return 1.0 - score

def w_infogain( y, weight ):
  i = y.argmax( axis=1 )
  clz = set( i )
  score = 0.0
```

150

■ SECTION-018 ■ 重み付きクラス分類

```
  for val in clz:
    p = weight[ i==val ].sum()
    if p != 0:
      score += p * np.log2( p )
  return -score
```

## ● 重み付き決定木の実装

次はCHAPTER 04の流れを追って決定木の実装を行います。まずは単純な2つの枝の
みからなる、DecisionStumpをデータの重みに対応させます。

### ◆ 重み付きDecisionStump

重み付きのDecisionStumpは「WeighedDecisionStump」という名前のクラスで、「Deci
sionStump」クラスの派生クラスとして作成します。クラス内の変数にはデータに対する重み
を保存するための「weight」を作成し、それ以外は「DecisionStump」クラスと共通です。

**SOURCE CODE** ‖ weighted.pyのコード

```
class WeighedDecisionStump( DecisionStump ):
  def __init__( self, metric=w_infogain, leaf=WeighedZeroRule ):
    super().__init__( metric=metric, leaf=leaf )
    self.weight = None
```

このクラスの学習に必要なのは、データに対する重みを考慮しながら、左右の枝へとデータ
を振り分けるために、分割のスコアを計算する処理です。

CHAPTER 04の89ページで分割のスコアは「make_loss」という名前の関数で実装し
ていたので、「make_loss」をオーバーロードして重み付きのスコアを求めます。

それには、左右の分割に従って「self.weight」から取得した重みも分割し、重み付き
のMetrics関数を呼び出すことになります。ただし、左右に分割した重みそれぞれについて、
重みの合計が1になるように正規化する必要がある点に注意が必要です。

**SOURCE CODE** ‖ weighted.pyのコード

```
def make_loss( self, y1, y2, l, r ):
  # yをy1とy2で分割したときのMetrics関数の重み付き合計を返す
  if y1.shape[ 0 ] == 0 or y2.shape[ 0 ] == 0:
    return np.inf
  # Metrics関数に渡す左右のデータの重み
  w1 = self.weight[ l ] / np.sum( self.weight[ l ] ) # 重みの正規化
  w2 = self.weight[ r ] / np.sum( self.weight[ r ] ) # 重みの正規化
  total = y1.shape[ 0 ] + y2.shape[ 0 ]
  m1 = self.metric( y1, w1 ) * ( y1.shape[ 0 ] / total )
  m2 = self.metric( y2, w2 ) * ( y2.shape[ 0 ] / total )
  return m1 + m2
```

151

■ SECTION-018 ■ 重み付きクラス分類

　実際にデータを分割する「split_tree」関数は、親クラスの「DecisionStump」クラスで実装したものをそのまま使用できるので、後は学習を行う「fit」関数をオーバーロードし、葉となる機械学習モデルに対しても、分割した重みを渡すようにします。

　ここでも分割した重みそれぞれについて、重みの合計が1になるように正規化て利用します。

---

**SOURCE CODE** ‖ weighted.pyのコード

```python
def fit( self, x, y, weight ):
  # 左右の葉を作成する
  self.weight = weight  # 重みを保存
  self.left = self.leaf()
  self.right = self.leaf()
  # データを左右の葉に振り分ける
  left, right = self.split_tree( x, y )
  # 重みを付けて左右の葉を学習させる
  if len( left ) > 0:
    self.left.fit( x[ left ], y[ left ],
      weight[ left ] / np.sum( weight[ left ] ) ) # 重みの正規化
  if len( right ) > 0:
    self.right.fit( x[ right ], y[ right ],
      weight[ right ] / np.sum( weight[ right ] ) ) # 重みの正規化
  return self
```

---

　モデルの実行に関しては「DecisionStump」クラスで実装した「predict」関数をそのまま使用できるので、以上で「WeighedDecisionStump」クラスは完成となります。

#### ◆ 重み付き決定木

　次に、先ほど作成した「WeighedDecisionStump」の機能を使用して、深い階層を持つ決定木を実装します。ここではPythonの多重継承を使用して、これまでに作成したコードを最大限利用しながら、新しいクラスを作成します。

　新しく作成するクラスの名前は「WeighedDecisionTree」とし、プルーニングを行う決定木である「PrunedTree」と、重み付きモデルである「WeighedDecisionStump」の両方から派生させます（クラスを継承する順番に注意してください）。そうすると、多重継承された親クラスから、必要な関数をそれぞれ引き継いで使用できるようになります。

　また、プルーニングについては、「reducederror」プルーニングでは計算するエラーについても重みを考慮する必要がありますが、「criticalscore」プルーニングでは枝の分割の際のスコアのみを使用するので、重みを考慮した改造は不要になります。そのため、ここではプルーニングの手法として、「criticalscore」プルーニングのみを行えるようにします。

---

**SOURCE CODE** ‖ weighted.pyのコード

```python
class WeighedDecisionTree( PrunedTree, WeighedDecisionStump ):
  def __init__( self, max_depth=5, metric=w_gini, leaf=WeighedZeroRule, depth=1 ):
    super().__init__( max_depth=max_depth, metric=metric, leaf=leaf, depth=depth )
    self.weight = None
```

■ SECTION-018 ■ 重み付きクラス分類

　決定木に必要なデータの分割に関するコードは「WeighedDecisionStump」から継承して利用できるので、変更点は多くありません。ここには「PrunedTree」クラスの「fit」関数からコードをほぼ流用し、次の、左右の枝を学習させる箇所のみ、データの他に重みも渡すように変更すれば、「WeighedDecisionTree」クラスの「fit」関数は完成します。

**SOURCE CODE** ‖ weighted.pyのコード

```python
def fit( self, x, y, weight ):
    self.weight = weight  # 重みを保存
    # 深さ＝1、根のノードのときのみ
    if self.depth == 1 and self.prunfnc is not None:
        # プルーニングに使うデータ
        x_t, y_t = x, y

    # 決定木の学習・・・"critical"プルーニング時は木の分割のみ
    self.left = self.leaf()
    self.right = self.leaf()
    left, right = self.split_tree( x, y )
    if self.depth < self.max_depth:
        if len( left ) > 0:
            self.left = self.get_node()
        if len( right ) > 0:
            self.right = self.get_node()
    if self.depth < self.max_depth or self.prunfnc != 'critical':
        # 重みを付けて左右の枝を学習させる
        if len( left ) > 0:
            self.left.fit( x[ left ], y[ left ],
                weight[ left ] / np.sum( weight[ left ] ) )  # 重みの正規化
        if len( right ) > 0:
            self.right.fit( x[ right ], y[ right ],
                weight[ right ] / np.sum( weight[ right ] ) )  # 重みの正規化

    # 深さ＝1、根のノードのときのみ
    if self.depth == 1 and self.prunfnc is not None:
        if self.prunfnc == 'critical':
            # 学習時のMetrics関数のスコアを取得する
            score = []
            getscore( self, score )
            # スコアから残す枝の最大スコアを計算
            i = int( round( len( score ) * self.critical ) )
            score_max = sorted( score )[ i ]
            # プルーニングを行う
            #criticalscore( self, score_max )
            # 葉を学習させる
            self.fit_leaf( x, y, weight )

    return self
```

153

■ SECTION-018 ■ 重み付きクラス分類

「criticalscore」プルーニングを行うため、「PrunedTree」クラスに存在している
「fit_leaf」も同様に、重みに対応させます。

SOURCE CODE | weighted.pyのコード

```python
def fit_leaf( self, x, y, weight ):
    # 説明変数から分割した左右のインデックスを取得
    feat = x[ :,self.feat_index ]
    val = self.feat_val
    l, r = self.make_split( feat, val )
    # 葉のみを学習させる
    if len(l) > 0:
        if isinstance( self.left, PrunedTree ):
            self.left.fit_leaf( x[l], y[l], weight[l] )
        else:
            self.left.fit( x[l], y[l], weight[l] )
    if len(r) > 0:
        if isinstance( self.right, PrunedTree ):
            self.right.fit_leaf( x[r], y[r], weight[r] )
        else:
            self.right.fit( x[r], y[r], weight[r] )
```

そして、新しいノードを作成するための「get_node」関数も、「DecisionTree」クラスか
らオーバーロードして作成します。ここでは次のように、新しい「WeighedDecisionTree」ク
ラスを作成して返すようにします。

SOURCE CODE | weighted.pyのコード

```python
def get_node( self ):
    # 新しくノードを作成する
    return WeighedDecisionTree( max_depth=self.max_depth,
        metric=self.metric, leaf=self.leaf, depth=self.depth + 1 )
```

◆ 最終的なコード

以上の内容をつなげると、重み付きの機械学習モデルを定義する「weighted.py」は次
のようになります。この章のこの後では、ここで作成したクラスを利用して、ブースティングと呼
ばれるアンサンブル学習のアルゴリズムを紹介します。

SOURCE CODE | weighted.pyのコード

```python
import numpy as np
import support
from zeror import ZeroRule
from dstump import DecisionStump
from pruning import PrunedTree, getscore, criticalscore

# 重み付きのMetrics関数
def w_gini( y, weight ):
    i = y.argmax( axis=1 )
```

154

```python
    clz = set( i )
    score = 0.0
    for val in clz:
      p = weight[ i==val ].sum()
      score += p ** 2
    return 1.0 - score


def w_infogain( y, weight ):
  i = y.argmax( axis=1 )
  clz = set( i )
  score = 0.0
  for val in clz:
    p = weight[ i==val ].sum()
    if p != 0:
      score += p * np.log2( p )
  return -score


# 重み付きの葉となるモデル
class WeighedZeroRule( ZeroRule ):
  def fit( self, x, y, weight ):
    # 重み付き平均を取る
    self.r = np.average( y, axis=0, weights=weight )
    return self


class WeighedDecisionStump( DecisionStump ):
  def __init__( self, metric=w_infogain, leaf=WeighedZeroRule ):
    super().__init__( metric=metric, leaf=leaf )
    self.weight = None

  def make_loss( self, y1, y2, l, r ):
    # yをy1とy2で分割したときのMetrics関数の重み付き合計を返す
    if y1.shape[ 0 ] == 0 or y2.shape[ 0 ] == 0:
      return np.inf
    # Metrics関数に渡す左右のデータの重み
    w1 = self.weight[ l ] / np.sum( self.weight[ l ] ) # 重みの正規化
    w2 = self.weight[ r ] / np.sum( self.weight[ r ] ) # 重みの正規化
    total = y1.shape[ 0 ] + y2.shape[ 0 ]
    m1 = self.metric( y1, w1 ) * ( y1.shape[ 0 ] / total )
    m2 = self.metric( y2, w2 ) * ( y2.shape[ 0 ] / total )
    return m1 + m2

  def fit( self, x, y, weight ):
    # 左右の葉を作成する
    self.weight = weight   # 重みを保存
    self.left = self.leaf()
    self.right = self.leaf()
```

## ■ SECTION-018 ■ 重み付きクラス分類

```python
    # データを左右の葉に振り分ける
    left, right = self.split_tree( x, y )
    # 重みを付けて左右の葉を学習させる
    if len( left ) > 0:
      self.left.fit( x[ left ], y[ left ],
        weight[ left ] / np.sum( weight[ left ] ) ) # 重みの正規化
    if len( right ) > 0:
      self.right.fit( x[ right ], y[ right ],
        weight[ right ] / np.sum( weight[ right ] ) ) # 重みの正規化
    return self


class WeighedDecisionTree( PrunedTree, WeighedDecisionStump ):
  def __init__( self, max_depth=5, metric=w_gini, leaf=WeighedZeroRule, depth=1 ):
    super().__init__( max_depth=max_depth, metric=metric, leaf=leaf, depth=depth )
    self.weight = None

  def get_node( self ):
    # 新しくノードを作成する
    return WeighedDecisionTree( max_depth=self.max_depth,
      metric=self.metric, leaf=self.leaf, depth=self.depth + 1 )

  def fit( self, x, y, weight ):
    self.weight = weight  # 重みを保存
    # 深さ＝1、根のノードのときのみ
    if self.depth == 1 and self.prunfnc is not None:
      # プルーニングに使うデータ
      x_t, y_t = x, y

    # 決定木の学習・・・"critical"プルーニング時は木の分割のみ
    self.left = self.leaf()
    self.right = self.leaf()
    left, right = self.split_tree( x, y )
    if self.depth < self.max_depth:
      if len( left ) > 0:
        self.left = self.get_node()
      if len( right ) > 0:
        self.right = self.get_node()
    if self.depth < self.max_depth or self.prunfnc != 'critical':
      # 重みを付けて左右の枝を学習させる
      if len( left ) > 0:
        self.left.fit( x[ left ], y[ left ],
          weight[ left ] / np.sum( weight[ left ] ) ) # 重みの正規化
      if len( right ) > 0:
        self.right.fit( x[ right ], y[ right ],
          weight[ right ] / np.sum( weight[ right ] ) ) # 重みの正規化
```

■ SECTION-018 ■ 重み付きクラス分類

```python
    # 深さ＝1、根のノードのときのみ
    if self.depth == 1 and self.prunfnc is not None:
      if self.prunfnc == 'critical':
        # 学習時のMetrics関数のスコアを取得する
        score = []
        getscore( self, score )
        # スコアから残す枝の最大スコアを計算
        i = int( round( len( score ) * self.critical ) )
        score_max = sorted( score )[ i ]
        # プルーニングを行う
        criticalscore( self, score_max )
        # 葉を学習させる
        self.fit_leaf( x, y, weight )

    return self

  def fit_leaf( self, x, y, weight ):
    # 説明変数から分割した左右のインデックスを取得
    feat = x[ :,self.feat_index ]
    val = self.feat_val
    l, r = self.make_split( feat, val )
    # 葉のみを学習させる
    if len(l) > 0:
      if isinstance( self.left, PrunedTree ):
        self.left.fit_leaf( x[l], y[l], weight[l] )
      else:
        self.left.fit( x[l], y[l], weight[l] )
    if len(r) > 0:
      if isinstance( self.right, PrunedTree ):
        self.right.fit_leaf( x[r], y[r], weight[r] )
      else:
        self.right.fit( x[r], y[r], weight[r] )
```

157

# SECTION-019
# ブースティング

## ◎ ブースティングの基本

アンサンブル学習では、複数の機械学習モデルを学習させて、それらの結果を基に最終的な結果を求めます。その中でも、**ブースティング**は、前章で紹介したバギングと並んでよく利用されるアルゴリズムです。

この章ではブースティングのアルゴリズムについての概要と、代表的なブースティングアルゴリズムの1つである、**AdaBoost**というアルゴリズムを紹介します。

### ◆ 順番に学習させる

ブースティングのアルゴリズムが、前章のバギングと異なるのは、それぞれの機械学習モデルについて、順番に学習を行う点です。前章のバギングでは、プログラムの処理としては順番に学習が行われても、それぞれの学習は独立しており、相互に関係はしていません。

しかし、ブースティングでは、最初に学習を行った結果をもとに、次の学習のさせ方を変えることで、モデルの数を増やすごとに、全体の結果をより良いものに改善していきます。

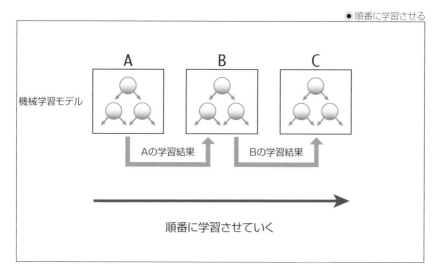

●順番に学習させる

アンサンブル学習において、全体の出力は、すべての機械学習モデルの出力から作成された合成出力です。そして、現在の合成出力に、さらに出力が良くなるようなモデルを付け加えていく点が、ブースティングの特徴です。

■ SECTION-019 ■ ブースティング

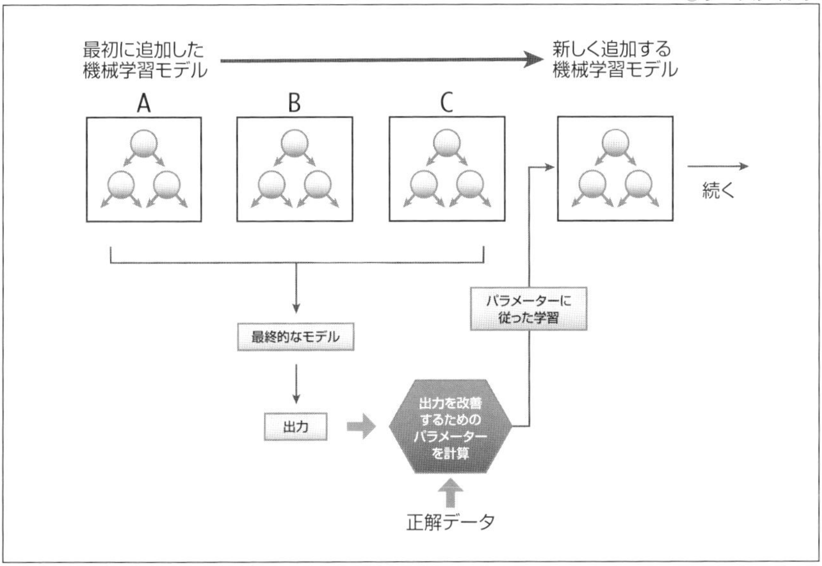

● ブースティング

　上図を見てわかるように、ブースティングでは、現在の出力から、次の学習の際に使用する
パラメーターを計算する必要があります。そのパラメーターの選択や計算方法が、ブースティ
ングにおけるアルゴリズムごとの特徴になります。

#### ◆ 貢献度を加味したアンサンブル

　前章で作成したバギングとランダムフォレストの場合、すべての機械学習モデルは平等でし
た。すなわち、最終的な結果はすべてのモデルの単純な平均または多数決でした。

　一方、この章で作成するAdaBoostでは、それぞれの機械学習モデルには、重みが付け
られます。ここでいう「重み」は、アンサンブル学習で使用する各機械学習モデルに対するも
ので、先ほど作成した重み付き決定木で使用する、学習データに対する「重み」とは別のもの
です。

　混乱を避けるために、以降はアンサンブル学習の各モデルに対する重みについては、その
モデルの「**貢献度**」と呼ぶことで、学習データに対する「重み」と混同することを避けることにし
ます。

159

■ SECTION-019 ■ ブースティング

●モデルごとの貢献度を加味したアンサンブル

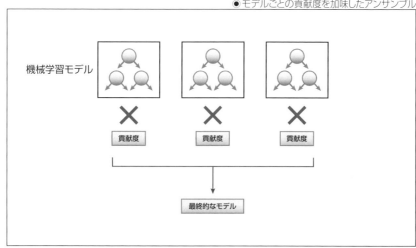

　モデルの貢献度をどのように結果に反映するかについてもさまざまな方法が考えられますが、AdaBoostでは単純に、貢献度の値をモデルの出力に掛け合わせることで、最終的な出力を作成します。

### ◉ AdaBoostのアイデア

　先ほど解説した、ブースティングアルゴリズムの基本では、複数の異なる機械学習モデルを使用していました。ここで、「異なる」機械学習モデルというのは、それがたとえば同じ決定木アルゴリズムであっても、複数の決定木を使用している、という意味で、使用する機械学習アルゴリズムが必ずしも異なっているわけではありません。

　ここでは、すべてのモデルで同じ機械学習アルゴリズムを使い、かつ同じデータを学習させることとします。ただし、データに対しては重みが設定されており、学習データと、モデルの出力に対して重みが付けられる状況を考えます。つまり、機械学習モデルの出力の差には、データに対する重みのみが影響を与える状況とします。

#### ◆ AdaBoostの基本アイデア

　ここで、データには分類しやすいデータとしにくいデータがあり、しやすいデータはどのような重みで学習しても正しく分類され、そうでないデータは、重みを多くして学習すれば正解するものの、重みが少なければ間違うものと仮定します。となれば、分類しにくいデータに対して重みを多くしていくことで、より良い機械学習モデルが作成できるはずです。

　これが、AdaBoostにおける基本的なアイデアです。

　ただし、分類しにくいデータのみを学習するようになってはいけないので、データ全体を見ながら、分類結果が悪化しない程度で重みの更新を停止します。

　実際には、分類しにくいデータへの重みが増えれば、分類しやすいデータであっても重みが減って誤分類するようになるため、新しく追加する機械学習モデルの正解率が1/2を下回った時点で機械学習モデルの追加を止めることになります。

■ SECTION-019 ■ ブースティング

言い換えると、AdaBoostとは、重み付きクラス分類アルゴリズムについて、下記のようなアルゴリズムとなります。

- 重みを小さくしても正しく分類されるものは、重みを小さくし、
- 重みを大きくしなければ正しく分類されないものは、重みを大きくし、
- 合計するとその按分が最も良くなるように、重みを最適化していくアルゴリズム

#### ◆ AdaBoostの利点

AdaBoostでは、分類しにくいデータを分類できるよう重みを付けて機械学習モデルを学習させ、最終的にすべての機械学習モデルに対して貢献度の値を設定することで、分類しやすいデータもしにくいデータも正しく分類できるモデルを作成します。

ここで、単純に分類しにくいデータも分類できるようにすることは、決定木の深さを深くするなど、機械学習モデルの表現力を増やせば可能である点に注意してください。

通常AdaBoostでは、1つひとつの機械学習モデルについては、比較的単純な機械学習モデルが使用されます。一般的に、単純な機械学習モデルを使用すると、余分な判断を行わないので、汎化誤差を小さくできるという利点があるものの、モデルの表現力は低くなってしまいます。

AdaBoostの利点は、機械学習モデルを組み合わせることで、全体としてのモデルの表現力を保ったまま、単純な機械学習モデルを使用できるという点にあります。

### ● AdaBoostアルゴリズム

重みを更新しながら複数の機械学習モデルを順番に学習させていくとき、必要となるのは、次の2点です

- 学習した機械学習モデルの貢献度
- 次の学習に使う重み

オリジナルのAdaBoostでは、データを2つのクラスに分類する、2クラス分類問題のみを扱います[7-1]。

そして、それぞれのクラスは-1と1にラベルが振られており、モデルの出力の符号でクラスを判定するものとします。プログラム上は0か1のラベル（または本書の共通コードのように確率を表す配列）の方が都合がよいかと思いますが、数式的には-1と1のラベルの方が扱いやすいので、-1と1のラベルでアルゴリズムを設計し、実装時にラベルを振り直します。

#### ◆ AdaBoostにおける損失と重み

AdaBoostでは、機械学習モデルを評価するために「**損失**」という値を使用します。

損失とは、機械学習で使用されるモデルの出力の良さを表す値で、値が小さいほど良いモデル、大きいほど悪いモデルを表しています。通常は損失の値を小さくするような学習が可能なように、機械学習アルゴリズムを設計します。

---

[7-1] Yoav Freund. Robert E Schapire. A decision-theoretic generalization of on-line learning and an application to boosting. Journal of Computer and System Sciences. 55: 119, 1997.
http://www.math.tau.ac.il/~mansour/ml-course/ada-boost.ps.gz

■ SECTION-019 ■ ブースティング

　損失は、モデルの性能を表す尺度のスコアとは別のものです。また、損失はどのような値でもよいわけではありません。損失を求める数式を関数にしたものを「損失関数」と呼びますが、微分することで常に最小値へ向かう勾配を得ることができるというのが損失関数の条件になります。

　AdaBoostにおいては、損失の計算に、学習させたデータに対する出力を利用します。これは、AdaBoostのアイデアでは、学習データを分類しやすいか、しにくいかで考えるためです。この場合、重み付き決定木におけるMetrics関数と同じく、損失を計算する際にも同じように重みを掛け合わせる必要があります。そのために、重みがあらかじめ解っている学習データを使用して損失を計算するのです。

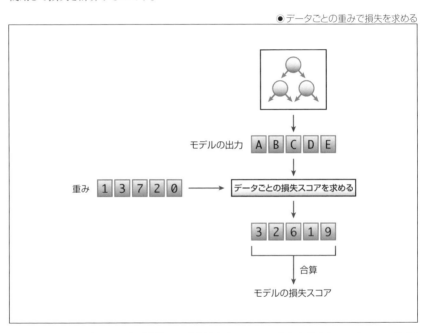

●データごとの重みで損失を求める

　AdaBoostのアイデアでは、間違って分類されたデータの重みを増やしていくので、N回目の学習結果における、あるデータに対する損失の値を、N+1回目の学習時における、そのデータの重みとします。そして、最終的に利用される合算した出力において、損失が最も小さくなる各モデルの貢献度を求める処理が、AdaBoostアルゴリズムの基本となります。

■ SECTION-019 ■ ブースティング

#### ◆ AdaBoostの解説

前述のアイデアを実現できる損失関数を、数学的に設計したところにAdaBoostの成功があります。

まず、y、hがともに1と-1からなるデータならば、y×hの値が1の場合はその2つの値は同じであり、逆に-1ならば異なっていることになります。そのため、y×hの値を使うことで、そのモデルの良さを表す損失を、数式で扱うことができます。

AdaBoostでは、ある機械学習モデル1つの出力における、i番目のデータを$h_i$、i番目の正解データを$y_i$とすると、i番目の出力の損失を、

$$E_i = e^{-y_i \cdot h_i} \qquad （式1）$$

と定義します。この損失の値が小さいほど、良いモデルということになります。式1はそれだけだと二値のみですが、実際には式1に基づく最終的な出力の損失を求めて、その値を最小化させます。

さて、ブースティングアルゴリズムでは複数のモデルを順番に学習させるので、j番目のモデルの出力を$h_j$、j番目のモデルの貢献度を$a_j$とします。つまり、j番目のモデルの出力のi番目のデータは$h_{ji}$です。

AdaBoostでは、前述のように貢献度を加味して、モデルの出力を合算することで最終的な出力とします。なので、m回の学習を行った際の合成出力のi番目を$H_{mi}$とすると、

$$H_{mi} = \sum_{j=0}^{m} \alpha_j \cdot h_{ji} \qquad （式2）$$

であり、m回の学習を行った際の合成出力のi番目の損失を$E_{mi}$とすると、

$$E_{mi} = e^{-yi \cdot \sum_{j=0}^{m} \alpha_j \cdot h_{ji}} \qquad （式3）$$

です。

ところで、AdaBoostの基本的なアイデアは、間違って分類されたデータに対する重みを増やすために、損失の値をそのデータの次回学習時の重みとする、というものでした。そこで、データに対する重みをw、t回目の学習データに対する重みを$w_t$、t回目の学習のi番目のデータに対する重みを$w_{ti}$として、その値を、

$$w_{0i} = 1$$
$$w_{ti} = E_{(t-1)i} \qquad （式4）$$

と定義します。これは、現在までに作成したモデル全体からの合成出力での損失を、次の学習時におけるデータの重みに使用する、という意味です。これにより、現在の合成出力に、さらに出力が良くなるようなモデルを付け加えていく訳です。

次に、すべてのモデルの出力を合成したときに、損失が最小になるような各モデルの貢献度を求めます。m回の学習を行った際の合成出力の損失の、すべてのデータの合計を$E_m$とすると、

163

■ SECTION-019 ■ ブースティング

$$E_m = \sum_{i=0}^{N} e^{-y_i \cdot \sum_{j=0}^{m} \alpha_j \cdot h_{ji}}$$

$$E_m = \sum_{i=0}^{N} e^{-y_i \cdot \sum_{j=0}^{m-1} \alpha_j \cdot h_{ji}} \cdot e^{-y_i \cdot \alpha_m \cdot h_{mi}}$$

$$E_m = \sum_{i=0}^{N} E_{(m-1)i} \cdot e^{-y_i \cdot \alpha_m \cdot h_{mi}}$$   (式5)

$$E_m = \sum_{i=0}^{N} w_{mi} \cdot e^{-y_i \cdot \alpha_m \cdot h_{mi}}$$

です。式5では、損失を指数関数として作成した効果で、合成出力の損失を、そのデータの重みを係数にした関数で表せていることがわかります。そして、$y_i$と$h_{mi}$が-1か1であるため、式5は、

$$E_m = \sum_{i \,|\, y_i = h_i} w_{mi} \cdot e^{-\alpha_m} + \sum_{i \,|\, y_i \neq h_i} w_{mi} \cdot e^{\alpha_m}$$   (式6)

と書き換えることができます。

　ブースティングの過程では、式6の値を最小化する方向へとパラメーターを変更していきますが、ここで変更するパラメーターとは、機械学習モデルの貢献度の値になります。

　式6の$E_m$を最小化する$a_m$を求めるために、式を$a_m$で微分します。

$$\frac{dE_m}{d\alpha_m} = \frac{d\left( \sum_{i \,|\, y_i = h_i} w_{mi} \cdot e^{-\alpha_m} + \sum_{i \,|\, y_i \neq h_i} w_{mi} \cdot e^{\alpha_m} \right)}{d\alpha_m}$$   (式7)

　微分値が0になる点が、$E_m$を最小化する点なので、上記の式が0になる$a_m$を求めます。指数関数の底eに対する微分の公式

$$\left( e^x \right)' = e^x$$

より、$a_m$で微分しても式の形は変わらないので、

$$\sum_{i \,|\, y_i = h_i} w_{mi} \cdot e^{-\alpha_m} + \sum_{i \,|\, y_i \neq h_i} w_{mi} \cdot e^{\alpha_m} = 0$$   (式8)

となります。

　この方程式を$a_m$に対して解くと、

$$\alpha_m = \frac{1}{2} \log\left( \frac{\sum_{i \,|\, y_i = h_i} w_{mi}}{\sum_{i \,|\, y_i \neq h_i} w_{mi}} \right)$$   (式9)

となります。この値がつまり、m番目の機械学習モデルに対する貢献度となるわけです。

■ SECTION-019 ■ ブースティング

　最後に、次の学習の際に使用する学習データへの重みを求めます。式3・式4より、

$$w_{(m+1)i} = E_{mi}$$

$$w_{(m+1)i} = e^{-y_i \cdot \sum_{j=0}^{m} \alpha_j \cdot h_{ji}}$$

$$w_{(m+1)i} = e^{-y_i \cdot \sum_{j=0}^{m-1} \alpha_j \cdot h_{ji}} \cdot e^{-y_i \cdot \alpha_m \cdot h_{mi}} \qquad (\text{式}10)$$

$$w_{(m+1)i} = E_{(m-1)i} \cdot e^{-y_i \cdot \alpha_m \cdot h_{mi}}$$

$$w_{(m+1)i} = w_{mi} \cdot e^{-y_i \cdot \alpha_m \cdot h_{mi}}$$

なので、現在の重みに、式10の最後で表されている値を掛け合わせると、次の学習の際の
学習データへの重みを計算することができます。

SECTION-020

# AdaBoostの実装

## ◉ AdaBoostの実装

AdaBoostアルゴリズムの設計時には損失の値が登場しましたが、AdaBoostアルゴリズムを実装する際に必要となる数式は、前節の式9および式10の最後のみです。

これが意味しているのは、AdaBoostアルゴリズムの実装においては明示的に損失を求める必要はなく、現在のモデルの出力と正解データ、データに対する重みのみから、直接、モデルの貢献度と次の学習時に使う重みを計算できるということです。

そのため、重み付き機械学習モデルさえ利用できれば、AdaBoostの実装は簡単に行えます。

### ◆ クラスの作成

まずは、必要なクラスをインポートして、AdaBoostの実装となるクラスを作成します。ここでは「*adaboost.py*」という名前のファイルを作成し、下記の内容を保存します。

クラスの名前は「**AdaBoost**」として、引数でブースティングを行う回数と、使用する決定木の深さを指定できるようにしました。また、クラス変数には作成した決定木のリストとなる「**trees**」と、AdaBoostで使用する$a$を表す「**alpha**」を作成します。

ここで作成する「**alpha**」変数は学習後に、m回の学習を行った際の機械学習モデルの貢献度である$a_m$を保存する配列となります。

**SOURCE CODE** | adaboost.pyのコード

```
import numpy as np
import support
from weighted import w_gini, WeighedZeroRule, WeighedDecisionTree

class AdaBoost:
  def __init__( self, boost=5, max_depth=5 ):
    self.boost = boost
    self.max_depth = max_depth
    self.trees = None
    self.alpha = None
```

### ◆ ブースティングのループ

次に、必要な回数のループを行い、ブースティングを行うコードを作成します。それには、「**fit**」関数をオーバーロードして、下記のコードを作成します。

このコードでは、最初にクラス変数の「**self.trees**」と「**self.alpha**」を初期化した後に、目的変数のチェックを行います。

オリジナルのAdaBoostでは2クラス分類のみを扱うので、そのチェックと、目的変数の形式をクラスの確率から1と-1からなる配列へと変形します。ここではクラスの数は常に2なので、

■ SECTION-020 ■ AdaBoostの実装

Numpyの「*argmax*」関数を使用すれば、クラスの位置するインデックスで0と1からなる配列が取得でき、それを2倍して1を引けば、インデックス0のクラスは-1、インデックス1のクラスは1となります。

また、学習データに対する重みは、学習データの数から合計すると1になるように初期化しておき、ブースティングのループを実行します。

**SOURCE CODE** ‖ adaboost.pyのコード

```python
def fit( self, x, y ):
    # ブースティングで使用する変数
    self.trees = []    # 各機械学習モデルの配列
    self.alpha = np.zeros( ( self.boost, ) )  # 貢献度の配列
    n_clz = y.shape[ 1 ]
    if n_clz != 2:
        return  # 基本のAdaBoostは2クラス分類のみ
    y_bin = y.argmax( axis=1 ) * 2 - 1    # 1と-1の配列にする
    # 学習データに対する重み
    weights = np.ones( ( len( x ), ) ) / len( x )
    # ブースティング
    for i in range( self.boost ):
        # ここで決定木モデルを作成し、学習データに対して実行する

        # ここで早期終了の条件をチェックする

        # ここでAdaBoostの計算を行う
```

◆ 学習アルゴリズムの実装

ブースティングのループ内では、大きく分けて3つの処理を作成します。

まず、「# ここで決定木モデルを作成し、学習データに対して実行する」という箇所では、現在の重みに基づいて重み付きの機械学習モデルを学習させます。そして、学習データに対してそのモデルを実行して、結果を取得します。ここでも取得した結果を、1と-1の配列にする必要があります。間違っているデータの重みを合算すると、ブースティングの現時点における機械学習モデルの精度が得られます。

**SOURCE CODE** ‖ adaboost.pyのコード

```python
# 決定木モデルを作成
tree = WeighedDecisionTree( max_depth=self.max_depth, metric=w_gini, leaf=WeighedZeroRule )
tree.fit( x, y, weights )
# 一度、学習データに対して実行する
z = tree.predict( x )
z_bin = z.argmax( axis=1 ) * 2 - 1  # 1と-1の配列にする
# 正解したデータを探す
filter = ( z_bin == y_bin )
err = weights[ filter==False ].sum()  # 不正解の位置にある重みの合計
print( 'itre #%d -- error=%f'%( i+1, err ) )
```

■ SECTION-020 ■ AdaBoostの実装

AdaBoostでは、最大のブースティング回数を指定しますが、学習の進展によっては早い段階でブースティングを終了することになります。そのため、次にその終了条件を作成します。先ほどのコード内の「**# ここで早期終了の条件をチェックする**」という箇所に、下記の内容を作成します。

ここで作成する終了条件は2つで、機械学習モデルの精度が100%正解するようになったか、50%以下になった場合です。ただし、その精度は、正解の個数にデータの重みを考慮したものとなります。また、ブースティングを早期終了する場合は、クラス変数の「`self.alpha`」を必要な長さに短くしておきます。

SOURCE CODE | adaboost.pyのコード

```
# 終了条件
if i == 0 and err == 0:  # 最初に完全に学習してしまった
  self.trees.append( tree )  # 最初のモデルだけ
  self.alpha = self.alpha[ :i+1 ]
  break
if err > 0.5 or err == 0:  # 正解率が1/2を下回った
  self.alpha = self.alpha[ :i ]  # 1つ前まで
  break
```

そして最後に、前節の数式で求めた、AdaBoostの計算を行います。紹介した通り、必要となる数式は、前節の式9の最後と式10だけなので、その実装は下記のようになります。まず学習後の決定木を「`self.trees`」変数に追加した後、前節の数式を実装し、データの重みを合計すると1になるように正規化します。

SOURCE CODE | adaboost.pyのコード

```
# 学習したモデルを追加
self.trees.append( tree )
# AdaBoostの計算
self.alpha[ i ] = np.log( ( 1.0 - err ) / err ) / 2.0 # 式9
weights *= np.exp( -1.0 * self.alpha[ i ] * y_bin * z_bin ) # 式10
weights /= weights.sum() # 重みの正規化
```

#### ◆ モデルの実行を実装

以上でAdaBoostの学習アルゴリズムを実装できたので、次はAdaBoostの実行を行うコードを作成します。

AdaBoostの実行では、各決定木に対して、学習時に求めた貢献度を加味した合計を作成します。そして、その結果の符号が正であるか負であるかで、最終的なクラス分類を行います。そのためのコードは、次のようになります。

SOURCE CODE | adaboost.pyのコード

```
def predict( self, x ):
  # 各モデルの出力の合計
  z = np.zeros( ( len(x), ) )
```

▼

■ SECTION-020 ■ AdaBoostの実装

```python
  for i, tree in enumerate( self.trees ):
    p = tree.predict( x )
    p_bin = p.argmax( axis=1 ) * 2 - 1     # 1と-1の配列にする
    z += p_bin * self.alpha[ i ]        # 貢献度を加味して追加
  # 合計した出力を、その符号で[0,1]と[1,0]の配列にする
  return np.array( [z <= 0, z > 0] ).astype( int ).T
```

## AdaBoostの実行

以上でAdaBoostの実装が完成します。

後は、プログラムとしてAdaBoostを実行するために必要となるコードを作成して、実際にベンチマークと同じデータセットに対してAdaBoostの性能を検証します。

### ◆ モデルの表示

まず、「AdaBoost」クラスの内容を文字列として表示するための「__str__」関数です。この関数では、ブースティングに使用するすべての決定木と、その貢献度を表示するようにします。

SOURCE CODE | adaboost.pyのコード

```python
def __str__( self ):
  s = []
  for i, t in enumerate( self.trees ):
    s.append( 'tree: #%s -- weight=%f'%( i+1, self.alpha[ i ] ) )
    s.append( str( t ) )
  return '\n'.join( s )
```

### ◆ プログラムの実行

最後に、プログラムとして「adaboost.py」を実行したときのプログラム引数を作成します。オリジナルのAdaBoostでは回帰は行えないので、ここではクラス分類のためのコードのみを作成します。ここではプログラム引数からブースティングの回数と、決定木の深さを指定できるようにしました。

SOURCE CODE | adaboost.pyのコード

```python
if __name__ == '__main__':
  import pandas as pd
  ps = support.get_base_args()
  ps.add_argument( '--boost', '-b', type=int, default=5, help='Bum of Boosting' )
  ps.add_argument( '--depth', '-d', type=int, default=5, help='Max Tree Depth' )
  args = ps.parse_args()

  df = pd.read_csv( args.input, sep=args.separator, header=args.header, index_col=args.indexcol )
  x = df[ df.columns[ :-1 ] ].values

  if not args.regression:
    y, clz = support.clz_to_prob( df[ df.columns[ -1 ] ] )
```

169

■ SECTION-020 ■ AdaBoostの実装

```python
plf = AdaBoost( boost=args.boost, max_depth=args.depth )
support.report_classifier( plf, x, y, clz, args.crossvalidate )
```

◆ 最終的なコード

　以上の内容をつなげると、AdaBoostの学習と、評価を行うプログラムが完成します。最終的な「adaboost.py」の内容は、次のようになります。

**SOURCE CODE ‖ adaboost.pyのコード**

```python
import numpy as np
import support
from weighted import w_gini, WeighedZeroRule, WeighedDecisionTree

class AdaBoost:
    def __init__( self, boost=5, max_depth=5 ):
        self.boost = boost
        self.max_depth = max_depth
        self.trees = None
        self.alpha = None

    def fit( self, x, y ):
        # ブースティングで使用する変数
        self.trees = []    # 各機械学習モデルの配列
        self.alpha = np.zeros( ( self.boost, ) )    # 貢献度の配列
        n_clz = y.shape[ 1 ]
        if n_clz != 2:
            return    # 基本のAdaBoostは2クラス分類のみ
        y_bin = y.argmax( axis=1 ) * 2 - 1    # 1と-1の配列にする
        # 学習データに対する重み
        weights = np.ones( ( len( x ), ) ) / len( x )
        # ブースティング
        for i in range( self.boost ):
            # 決定木モデルを作成
            tree = WeighedDecisionTree( max_depth=self.max_depth, metric=w_gini, leaf=WeighedZeroRule )
            tree.fit( x, y, weights )
            # 一度、学習データに対して実行する
            z = tree.predict( x )
            z_bin = z.argmax( axis=1 ) * 2 - 1    # 1と-1の配列にする
            # 正解したデータを探す
            filter = ( z_bin == y_bin )
            err = weights[ filter==False ].sum()    # 不正解の位置にある重みの合計
            print( 'itre #%d -- error=%f'%( i+1, err ) )
            # 終了条件
            if i == 0 and err == 0:    # 最初に完全に学習してしまった
                self.trees.append( tree )    # 最初のモデルだけ
                self.alpha = self.alpha[ :i+1 ]
                break
```

■ SECTION-020 ■ AdaBoostの実装

```python
      if err > 0.5 or err == 0:  # 正解率が1/2を下回った
        self.alpha = self.alpha[ :i ]  # 一つ前まで
        break
      # 学習したモデルを追加
      self.trees.append( tree )
      # AdaBoostの計算
      self.alpha[ i ] = np.log( ( 1.0 - err ) / err ) / 2.0 # 式9
      weights *= np.exp( -1.0 * self.alpha[ i ] * y_bin * z_bin ) # 式10
      weights /= weights.sum() # 重みの正規化


  def predict( self, x ):
    # 各モデルの出力の合計
    z = np.zeros( ( len(x), ) )
    for i, tree in enumerate( self.trees ):
      p = tree.predict( x )
      p_bin = p.argmax( axis=1 ) * 2 - 1    # 1と-1の配列にする
      z += p_bin * self.alpha[ i ]     # 貢献度を加味して追加
    # 合計した出力を、その符号で[0,1]と[1,0]の配列にする
    return np.array( [z <= 0, z > 0] ).astype( int ).T


  def __str__( self ):
    s = []
    for i, t in enumerate( self.trees ):
      s.append( 'tree: #%s -- weight=%f'%( i+1, self.alpha[ i ] ) )
      s.append( str( t ) )
    return '\n'.join( s )



if __name__ == '__main__':
  import pandas as pd
  ps = support.get_base_args()
  ps.add_argument( '--boost', '-b', type=int, default=5, help='Bum of Boosting' )
  ps.add_argument( '--depth', '-d', type=int, default=5, help='Max Tree Depth' )
  args = ps.parse_args()

  df = pd.read_csv( args.input, sep=args.separator, header=args.header, index_col=args.indexcol )
  x = df[ df.columns[ :-1 ] ].values

  if not args.regression:
    y, clz = support.clz_to_prob( df[ df.columns[ -1 ] ] )
    plf = AdaBoost( boost=args.boost, max_depth=args.depth )
    support.report_classifier( plf, x, y, clz, args.crossvalidate )
```

171

■ SECTION-020 ■ AdaBoostの実装

◆ AdaBoostの学習と実行

　以上で「adaboost.py」が完成したので、前章と同じようにCHAPTER 01でダウンロードした検証用のデータセットに対して実行します。オリジナルのAdaBoostでは二値からなるクラス分類のみを扱うので、使用するデータセットは、岩か金属かの種類を分類する「sonar.all-data」となります。

| target | function | AdaBoost | | |
|--------|----------|---------|---------|---------|
| | ブースティング回数 | 5 | 10 | 20 |
| sonar | F1Score | 0.76058 | 0.75523 | 0.78508 |
| | Accuracy | 0.75962 | 0.75481 | 0.78365 |

　結果は、前章のランダムフォレストほどではないものの、ベースとなったPrunedTreeのスコアを超えており、ブースティングが効果をもたらしていることがわかります。また、ベンチマークにあるアルゴリズムすべてを超えるスコアとなっています。

# CHAPTER 08

## 改良AdaBoost

## SECTION-021

# AdaBoost.M1

### ◉ 多クラス分類を行う

前章で紹介したAdaBoostの優れている点は、そのアルゴリズムの根幹部分が数学的に設計されているところです。そのため、数式を拡張すれば、容易にAdaBoostの発想を応用したアルゴリズムを開発することができるため、さまざまな改良版AdaBoostが作成されています。

本書では改良AdaBoostの数学については紹介しませんが、オリジナルのAdaBoostでは扱わなかった多クラス分類問題と回帰に関する改良AdaBoostのアルゴリズムをいくつか紹介します。

#### ◆ AdaBoostを多クラス分類に拡張する

前章で紹介したオリジナルのAdaBoostでは、クラス番号が-1と1で表される2クラス分類のみを扱いました。

これを、多数のクラスからなる分類に応用できるような拡張は、さまざまな手法が提案されており、それらには**AdaBoost.M1**、**AdaBoost.M2**、**AdaBoost.SAMME**などの名前が付けられています。また、同じAdaBoostアルゴリズムであっても、プルーニングの有無などによって細かい差異があり、実際には実装ごとに異なる機械学習モデルが使われているといっても過言ではありません。

ここでは、AdaBoostの多クラス分類への拡張のうち、最もシンプルなAdaBoost.M1[8-1]というアルゴリズムを実装します。

#### ◆ AdaBoost.M1のアルゴリズム

この章では改良AdaBoostの動作について、詳細な数学は解説せず、アルゴリズムの実装に関係する数式のみ紹介していきます。

まず、AdaBoost.M1では多クラス分類を扱うので、機械学習モデルそれぞれの出力について、正解しているかどうかで処理を考えます。最初に機械学習モデルの出力の、正解しているデータに対する重みを合算した値（式1）を求め、AdaBoost.M1における損失とします。AdaBoost.M1アルゴリズムは、直接この値を小さくするように動作します。

$$E_m = \sum_{i \mid y_i \neq h_i} w_{mi} \qquad \text{（式1）}$$

オリジナルのAdaBoostではこの段階で、それぞれの機械学習モデル用の貢献度（各機械学習モデルの重み）となる$a$の値を求めていました（前章の式9）。

しかし、改良AdaBoostアルゴリズムでは、各データに対する重みの更新に使用する値を求めて、機械学習モデル用の貢献度は後でモデルの実行時に計算することになります。AdaBoost.M1では重みの更新に、式2で示される$\beta$の値を使用します。

---

[8-1] Yoav Freund Robert E. Schapire. Experiments with a New Boosting Algorithm. Machine Learning: Proceedings of the Thirteenth International Conference, 1996.
https://people.cs.pitt.edu/~milos/courses/cs2750/Readings/boosting.pdf

$$\beta_m = \frac{E_m}{1 - E_m} = \frac{\sum_{i \,|\, y_i \neq h_i} w_{mi}}{\sum_{i \,|\, y_i = h_i} w_{mi}} \qquad (\vec{x}2)$$

このβの値は、正解しているデータの重みの合計を、不正解のデータの重みの合計を割ったもので、常に0から1までの間の値となります。そして、正解しているデータ(分類しやすい)の重みを減らしていくために、そのデータに対する重みのみに、このβの値を掛け合わせます。

$$w_{(m+1)i} = w_{mi} \cdot \begin{cases} \beta_m & if: y_{mi} = h_{mi} \\ 1 & if: y_{mi} \neq h_{mi} \end{cases} \qquad (\vec{x}3)$$

ここで求めたβの値は、前章の式9で求められた、AdaBoostアルゴリズムにおける各モデルの貢献度の式の、logの中身の逆数になっている点に注目してください。

※参照(CHAPTER 07の式9) $\qquad \alpha_m = \dfrac{1}{2} \log \left( \dfrac{\sum_{i \,|\, y_i = h_i} w_{mi}}{\sum_{i \,|\, y_i \neq h_i} w_{mi}} \right)$

そうしてβを求めた上で、log(1/β)の値が、最終的な実行時に使用する各モデルの貢献度となります。

$$h_{fin} = \underset{y \in Y}{argmax} \sum_{t \,|\, h_i = y} \log \frac{1}{\beta_t} \qquad (\vec{x}4)$$

上記の式4は論文[8-1]にある記法そのままですが、その内容は、t番目の決定木の出力について、log(1/β)で重み付けをして、最終的に重みの合算値が最も大きいクラスを、最終の出力値とする、という意味です。

## AdaBoost.M1の実装

以上でAdaBoost.M1アルゴリズムを実装するための内容を紹介したので、実際にAdaBoost.M1による多クラス分類を行うプログラムを作成します。

### ◆ クラスの作成

まずは、AdaBoost.M1アルゴリズムを実装するクラスを作成します。

「adaboost_m1.py」という名前のファイルを作成し、下記のコードを保存します。作成するクラスの名前は「AdaBoostM1」とし、クラス作成時の引数は前章のAdaBoostと同じです。ここでは、クラス変数として分類するクラスの個数を表す「n_clz」を作成しています。

**SOURCE CODE** | adaboost_m1.pyのコード

```python
import numpy as np
import support
from weighted import w_gini, WeighedZeroRule, WeighedDecisionTree
```

■ SECTION-021 ■ AdaBoost.M1

```
class AdaBoostM1:
  def __init__( self, boost=5, max_depth=5 ):
    self.boost = boost
    self.max_depth = max_depth
    self.trees = None
    self.beta = None
    self.n_clz = 0  # クラスの個数
```

◆学習アルゴリズムの実装

次に、AdaBoost.M1における学習を行うためのコードを作成します。それには「fit」関数に、下記の内容を作成します。このコードは、前章のAdaBoostと共通する部分が多いですが、基本的なアイデアと処理の流れが、オリジナルのAdaBoostと同じになっていることがわかります。「fit」関数の中にはブースティングを行うループ処理があり、そこで、決定木モデルを作成・学習し、一度、学習データに対して実行するところまで、前章のAdaBoostとまったく同じです。

そして、正解しているデータの位置を「filter」変数に入れ、不正解の位置にある重みの合計を求めるところも同じですが、多クラス分類のデータに対応したコードに変更されています。

また、早期終了の条件を設定し、先ほど紹介したアルゴリズムの数式を実装します。早期終了の条件は、AdaBoost.M1ではオリジナルのAdaBoostと同じく、損失の値が0.5を上回った段階で、機械学習モデルがそれ以上の精度向上に寄与しなくなるとしています。

**SOURCE CODE** | adaboost_m1.pyのコード

```python
def fit( self, x, y ):
  # ブースティングで使用する変数
  self.trees = []  # 各機械学習モデルの配列
  self.beta = np.zeros( ( self.boost, ) )
  self.n_clz = y.shape[ 1 ]  # 扱うクラス数
  # 学習データに対する重み
  weights = np.ones( ( len( x ), ) ) / len( x )
  # ブースティング
  for i in range( self.boost ):
    # 決定木モデルを作成
    tree = WeighedDecisionTree( max_depth=self.max_depth, metric=w_gini, leaf=WeighedZeroRule )
    tree.fit( x, y, weights )
    # 一度、学習データに対して実行する
    z = tree.predict( x )
    # 正解したデータを探す
    filter = z.argmax( axis=1 ) == y.argmax( axis=1 )  # 正解データの位置がTrueになる配列
    err = weights[ filter==False ].sum()  # 不正解の位置にある重みの合計
    print( 'itre #%d -- error=%f'%( i+1, err ) )
    # 終了条件
    if i == 0 and err == 0:  # 最初に完全に学習してしまった
```

176

■ SECTION-021 ■ AdaBoost.M1

```
    self.trees.append( tree )  # 最初のモデルだけ
    self.beta = self.beta[ :i+1 ]
    break
  if err >= 0.5 or err == 0:  # 正解率が1/2を下回った
    self.beta = self.beta[ :i ]  # 一つ前まで
    break
# 学習したモデルを追加
self.trees.append( tree )
# AdaBoost.M1の計算
self.beta[ i ] = err / ( 1.0 - err ) # 式2
weights[ filter ] *= self.beta[ i ] # 式3
weights /= weights.sum() # 重みの正規化
```

## ◆ モデルの実行

そして次に、AdaBoost.M1の実行を行うコードを作成します。

AdaBoost.M1ではオリジナルのAdaBoostと異なり、各モデルの貢献度は実行時に$\beta$の値から計算されます。そこで下記のように、「predict」の中で各モデルの貢献度を求め、以降の実行で使用します。

本書で使用する共通のデータ形式では、クラス分類の機械学習モデルでは各クラスに属する確率を使用しているので、それぞれの機械学習モデルにおいて、まず「argmax」関数で分類されたクラスを取得し、その位置にそのモデルの貢献度の値を加算していきます。そうしてすべてのモデルの実行が行われると、最終的に分類されたクラスの属する可能性を表す配列が得られるので、その配列をそのまま返します。

**SOURCE CODE** ‖ adaboost_m1.pyのコード

```
def predict( self, x ):
  # 各モデルの出力の合計
  z = np.zeros( ( len(x), self.n_clz ) )
  # 各モデルの貢献度を求める
  w = np.log( 1.0 / self.beta )
  if w.sum() == 0:  # 完全に学習してしまいエラーが0の時
    w = np.ones( ( len( self.trees ), ) ) / len( self.trees )
  # すべてのモデルの貢献度付き合算
  for i, tree in enumerate( self.trees ):
    p = tree.predict( x )  # p はクラスの確率を表す二次元配列
    c = p.argmax( axis=1 )  # c に分類されたクラスの番号
    for j in range(len(x)):
      z[ j, c[ j ] ] += w[ i ]  # 分類されたクラスの位置に貢献度を加算
  return z  # クラスの属する可能性を表す配列として返す
```

177

■ SECTION-021 ■ AdaBoost.M1

## ⬤ AdaBoost.M1の実行

以上でAdaBoost.M1の実装が完成しました。後は、これまでの章と同じくプログラムとして
AdaBoost.M1を実行するために必要となるコードを作成して、実際に実行します。

モデルの表示とプログラムのパラメーター引数については、前章のAdaBoostのものとほぼ
同じで、違いは、モデルの表示のためにモデルの貢献度を改めて求める必要がある点のみと
なります。

### ◆ 最終的なコード

以上の内容をつなげると、AdaBoost.M1の学習と、評価を行うプログラムが完成します。
最終的な「adaboost_m1.py」の内容は、次のようになります。

### SOURCE CODE   adaboost_m1.pyのコード

```python
import numpy as np
import support
from weighted import w_gini, WeighedZeroRule, WeighedDecisionTree

class AdaBoostM1:
  def __init__( self, boost=5, max_depth=5 ):
    self.boost = boost
    self.max_depth = max_depth
    self.trees = None
    self.beta = None
    self.n_clz = 0  # クラスの個数

  def fit( self, x, y ):
    # ブースティングで使用する変数
    self.trees = []  # 各機械学習モデルの配列
    self.beta = np.zeros( ( self.boost, ) )
    self.n_clz = y.shape[ 1 ]  # 扱うクラス数
    # 学習データに対する重み
    weights = np.ones( ( len( x ), ) ) / len( x )
    # ブースティング
    for i in range( self.boost ):
      # 決定木モデルを作成
      tree = WeighedDecisionTree( max_depth=self.max_depth, metric=w_gini, leaf=WeighedZeroRule )
      tree.fit( x, y, weights )
      # 一度、学習データに対して実行する
      z = tree.predict( x )
      # 正解したデータを探す
      filter = z.argmax( axis=1 ) == y.argmax( axis=1 )  # 正解データの位置がTrueになる配列
      err = weights[ filter==False ].sum()  # 不正解の位置にある重みの合計
      print( 'itre #%d -- error=%f'%( i+1, err ) )
      # 終了条件
      if i == 0 and err == 0:  # 最初に完全に学習してしまった
        self.trees.append( tree )  # 最初のモデルだけ
        self.beta = self.beta[ :i+1 ]
```

178

■ SECTION-021 ■ AdaBoost.M1

```python
            break
        if err >= 0.5 or err == 0:   # 正解率が1/2を下回った
            self.beta = self.beta[ :i ]   # 一つ前まで
            break
        # 学習したモデルを追加
        self.trees.append( tree )
        # AdaBoost.M1の計算
        self.beta[ i ] = err / ( 1.0 - err ) # 式2
        weights[ filter ] *= self.beta[ i ] # 式3
        weights /= weights.sum() # 重みの正規化

    def predict( self, x ):
        # 各モデルの出力の合計
        z = np.zeros( ( len(x), self.n_clz ) )
        # 各モデルの貢献度を求める
        w = np.log( 1.0 / self.beta )
        if w.sum() == 0:   # 完全に学習してしまいエラーが0の時
            w = np.ones( ( len( self.trees ), ) ) / len( self.trees )
        # すべてのモデルの貢献度付き合算
        for i, tree in enumerate( self.trees ):
            p = tree.predict( x )   # p はクラスの確率を表す二次元配列
            c = p.argmax( axis=1 )   # c に分類されたクラスの番号
            for j in range(len(x)):
                z[ j, c[ j ] ] += w[ i ]   # 分類されたクラスの位置に貢献度を加算
        return z   # クラスの属する可能性を表す配列として返す

    def __str__( self ):
        s = []
        w = np.log( 1.0 / self.beta )
        if w.sum() == 0:
            w = np.ones( ( len( self.trees ), ) ) / len( self.trees )
        for i, t in enumerate( self.trees ):
            s.append( 'tree: #%s -- weight=%f'%( i+1, w[i] ) )
            s.append( str( t ) )
        return '\n'.join( s )


if __name__ == '__main__':
    import pandas as pd
    ps = support.get_base_args()
    ps.add_argument( '--boost', '-b', type=int, default=5, help='Bum of Boosting' )
    ps.add_argument( '--depth', '-d', type=int, default=5, help='Max Tree Depth' )
    args = ps.parse_args()

    df = pd.read_csv( args.input, sep=args.separator, header=args.header, index_col=args.indexcol )
    x = df[ df.columns[ :-1 ] ].values
```

■ SECTION-021 ■ AdaBoost.M1

```
if not args.regression:
    y, clz = support.clz_to_prob( df[ df.columns[ -1 ] ] )
    plf = AdaBoostM1( boost=args.boost, max_depth=args.depth )
    support.report_classifier( plf, x, y, clz, args.crossvalidate )
```

◆ AdaBoost.M1の学習と実行

以上で「**adaboost_m1.py**」が完成したので、前章と同じようにCHAPTER 01でダウン
ロードした検証用のデータセットに対して実行します。

| target | function | AdaBoost.M1 | | |
| --- | --- | --- | --- | --- |
| | ブースティング回数 | 5 | 10 | 20 |
| iris | F1Score | 0.92672 | 0.93233 | 0.93895 |
| | Accuracy | 0.92667 | 0.93333 | 0.94000 |
| sonar | F1Score | 0.75535 | 0.74825 | 0.79647 |
| | Accuracy | 0.75481 | 0.75000 | 0.79808 |
| glass | F1Score | 0.52484 | 0.52484 | 0.52484 |
| | Accuracy | 0.57477 | 0.57477 | 0.57477 |

結果は、前章のAdaBoostと同じ程度の性能ですが、2クラス分類のみを扱えた前章の
AdaBoostと異なり、多クラス分類問題を扱えています。

## SECTION-022

# AdaBoost.RT

### ● 回帰におけるAdaBoost

これまでの章で紹介してきたように、本書ではクラス分類の他に値を求める回帰を行う機械学習モデルも扱います。

AdaBoostアルゴリズムを改良し、回帰において使用できるようにしたものも、これまでにさまざまなアルゴリズムが登場しているので、ここではそれらの回帰版改良AdaBoostアルゴリズムを紹介します。

#### ◆ 重みを確率的に扱う

これまでにも見てきたように、AdaBoostアルゴリズムでは1つひとつの機械学習モデルに、データに対する重みに対応したモデルを必要とします。前章では重み付きの決定木モデルを作成しましたが、回帰の場合は葉となる線形回帰モデルも重みに対応させなければならないので、やや実装が複雑になってしまいます。

そこでここでは、すべてのデータに対して重みを考慮して学習を行う代わりに、学習用データから重みに従って取り出すデータを選択することで、重み付きモデルの代わりとします。つまり、重みを取り出される確率とし、もとのデータから重複ありのランダムサンプルを繰り返して学習データとすることで、確率的に重み付きの機械学習モデルを代替することができます。

ブースティングアルゴリズムでは、学習を繰り返し行うため、1つひとつの機械学習モデルに対して学習させるデータを変えながら学習を行うこともできるので、この実装は繰り返しの回数がある程度以上大きければ、正しく動作します。

なお、Scikit-learnのAdaBoostも、データの重みの取り扱い方については、このような実装になっています。

### ● AdaBoost.RTの実装

AdaBoostアルゴリズムを回帰に応用するためのアイデアはいくつか考えられます。

クラス分類と同様、回帰に使用できるAdaBoostアルゴリズムにも、いろいろな種類があり、AdaBoost.RT、AdaBoost.R2、AdaBoost.MRTなどの名前が付けられています。

ここではまず、先ほど作成したAdaBoost.M1の応用で理解しやすいAdaboost.RT[8-2]アルゴリズムから実装していきます。

---

[8-2] D.P. Solomatine, Durga Shrestha. AdaBoost.RT: A boosting algorithm for regression problems. 2004 IEEE International Joint Conference on Neural Networks. At Budapest, Hungary, Volume: 2, 2004.
https://www.researchgate.net/publication/4116773_AdaBoostRT_A_boosting_algorithm_for_regression_problems

■ SECTION-022 ■ AdaBoost.RT

#### ◆ AdaBoost.RTのアルゴリズム

AdaBoost.RTのアルゴリズムは、先ほど実装したAdaBoost.M1の単純な回帰への応用です。AdaBoost.RTでは、threshold値という値をアルゴリズムのパラメーターとして利用し、決定木の出力における残差の絶対値が、そのthreshold値よりも小さければクラス分類における「正解」、threshold値よりも大きければクラス分類における「不正解」と同じように扱うことで、AdaBoost.M1を回帰へ対応させたものになります。

$$E_m = \sum_{i \,|\, |y_i - h_i| \geq T} w_{mi} \qquad \text{(式5)}$$

$$\beta_m = \frac{E_m}{1 - E_m} = \frac{\sum_{i \,|\, |y_i - h_i| \geq T} w_{mi}}{\sum_{i \,|\, |y_i - h_i| < T} w_{mi}} \qquad \text{(式6)}$$

$$w_{(m+1)i} = w_{mi} \cdot \begin{cases} \beta_m^{\,2} & if: |y_{mi} - h_{mi}| < T \\ 1 & if: |y_{mi} - h_{mi}| \geq T \end{cases} \qquad \text{(式7)}$$

式5〜7はその内容を表しており、threshold値を表す定数Tを使用した不等式で条件式が構築されている点を除き、ほぼAdaBoost.M1のアルゴリズムと同じになっています。

1点のみ、式7で表される、データの重みを更新する際の式が、$\beta$の値ではなくその二乗を掛け合わせるようになっていますが、これは二乗誤差を最小化するようにアルゴリズムが構築されているためです。また、AdaBoost.RTではAdaBoost.M1やオリジナルのAdaBoostとは異なり、エラーの大きさによる早期終了の条件は存在せず、パラメーターとして設定された回数だけブースティングを行います。

$$h_{fin} = \frac{\sum_t \log \frac{1}{\beta_t} \cdot f_t(x)}{\sum_t \log \frac{1}{\beta_t}} \qquad \text{(式8)}$$

そして学習した後に結果は、式8で表されるように、各モデルの重み付き平均となります。

#### ◆ 学習と実行の実装

以上でAdaBoost.RTの解説が終わりましたので、実際にプログラムを実装していきます。

AdaBoost.RTのアルゴリズムを実装するクラスは、「adaboost_rt.py」という名前のファイルに「AdaBoostRT」という名前で作成します。ここでは、クラス変数にthreshold値を表す「threshold」を追加しておきます。

| SOURCE CODE | adaboost_rt.pyのコード |

```python
import numpy as np
import support
import entropy
from linear import Linear
```

■SECTION-022 ■ AdaBoost.RT

```python
from pruning import PrunedTree

class AdaBoostRT:
    def __init__( self, threshold=0.05, boost=5, max_depth=5 ):
        self.boost = boost
        self.max_depth = max_depth
        self.trees = None
        self.beta = None
        self.threshold = threshold
```

次に、AdaBoost.RTの学習と実行を行うコードを作成します。

まず、「fit」関数の中で、引数で与えられたデータを、いったん「_x」「_y」という名前の変数に待避しておきます。そして、ブースティングのループの中で、もとのデータから重複ありのランダムサンプルを繰り返して学習データを作成します。

取り出すデータの数は、もとのデータと同じサイズとし、「np.random.choice」関数を使用することで、取り出す確率を考慮したランダムサンプルを行います。なお、「np.random.choice」関数に与える確率の値は、合計すると1になる配列でなければならないので、重みの配列を重みの合計で割ることで、確率の配列としています。

**SOURCE CODE** ‖ adaboost_rt.pyのコード

```python
def fit( self, x, y ):
    # ブースティングで使用する変数
    _x, _y = x, y  # 引数を待避しておく
    self.trees = []
    self.beta = np.zeros( ( self.boost, ) )
    # 学習データに対する重み
    weights = np.ones( ( len( x ), ) ) / len( x )
    # threshold値
    threshold = self.threshold
    # ブースティング
    for i in range( self.boost ):
        # 決定木モデルを作成
        tree = PrunedTree( max_depth=self.max_depth, metric=entropy.deviation, leaf=Linear )
        # 重み付きの機械学習モデルを代替するため、重みを確率にしてインデックスを取り出す
        all_idx = np.arange( x.shape[0] )  # すべてのデータのインデックス
        p_weight = weights / weights.sum()  # 取り出す確率
        idx = np.random.choice( all_idx, size=x.shape[0], replace=True, p=p_weight )
        # インデックスの位置から学習用データを作成する
        x = _x[idx]
        y = _y[idx]
        # モデルを学習する
        tree.fit( x, y )
```

183

■ SECTION-022 ■ AdaBoost.RT

そして、「正解」に相当するデータを選択する処理が、AdaBoost.M1では「*argmax*」関数から取得するクラス番号を比較するようになっていたのを、回帰の出力からthreshold値を閾値にした不等式で条件を指定するようにします。

AdaBoost.RTでは残差の絶対値とthreshold値を比較することで「正解」に相当するデータを選択しますが、残差については値の大きさに影響されないように、相対誤差としています。

**SOURCE CODE** | adaboost_rt.pyのコード

```
# 一度、学習データに対して実行する
z = tree.predict( x )
# 値の大きさに影響されないよう、相対誤差とする
l = np.absolute( z - y ).reshape( ( -1, ) ) / y.mean()
# 正解に相当するデータを探す
filter = l < threshold  # 正解に相当するデータの位置がTrueになる配列
err = weights[ filter==False ].sum()  # 不正解に相当する位置にある重みの合計
print( 'itre #%d -- error=%f'%( i+1, err ) )
# 終了条件
if err < 1e-10:  # 完全に学習してしまった
  self.beta = self.beta[ :i ]
  break
```

AdaBoost.RTの論文には、AdaBoost.RTにオリジナルのAdaBoostのような終了条件の設定はなく、パラメーターとしてループ回数を指定するとありますが、完全に学習してしまい不正解の個数がほぼ0になったときには終了するようにしました。

$\beta$の計算は、AdaBoost.M1と同じですが、重みの更新の際に二乗を取ります。

**SOURCE CODE** | adaboost_rt.pyのコード

```
# AdaBoost.RTの計算
self.trees.append( tree )
self.beta[ i ] = err / ( 1.0 - err ) # 式6
weights[ filter ] *= self.beta[ i ] ** 2 # 式7
weights /= weights.sum() # 重みの正規化
```

そして「**predict**」関数は、各モデルの出力に重みを掛け合わせて合算するもので、クラス分類を行うAdaBoost.M1に比べてシンプルな構造になっています。

**SOURCE CODE** | adaboost_rt.pyのコード

```
def predict( self, x ):
  # 各モデルの出力の合計
  z = np.zeros( ( len(x), 1 ) )
  # 各モデルの貢献度を求める
  w = np.log( 1.0 / self.beta ) # 式8
  # すべてのモデルの貢献度付き合算
  for i, tree in enumerate( self.trees ):
    p = tree.predict( x )
    z += p * w[ i ]
  return z / w.sum()
```

■ SECTION-022 ■ AdaBoost.RT

◆ 最終的なコード

　最後に、プログラムとしてAdaBoost.RTを実行するためのコードを追加し、「adaboost_rt.py」が完成します。完成した「adaboost_rt.py」は、次のようになります。

**SOURCE CODE** ‖ adaboost_rt.pyのコード

```python
import numpy as np
import support
import entropy
from linear import Linear
from pruning import PrunedTree

class AdaBoostRT:
  def __init__( self, threshold=0.01, boost=5, max_depth=5 ):
    self.boost = boost
    self.max_depth = max_depth
    self.trees = None
    self.beta = None
    self.threshold = threshold

  def fit( self, x, y ):
    # ブースティングで使用する変数
    _x, _y = x, y  # 引数を待避しておく
    self.trees = []
    self.beta = np.zeros( ( self.boost, ) )
    # 学習データに対する重み
    weights = np.ones( ( len( x ), ) ) / len( x )
    # threshold値
    threshold = self.threshold
    # ブースティング
    for i in range( self.boost ):
      # 決定木モデルを作成
      tree = PrunedTree( max_depth=self.max_depth, metric=entropy.deviation, leaf=Linear )
      # 重み付きの機械学習モデルを代替するため、重みを確率にしてインデックスを取り出す
      all_idx = np.arange( x.shape[0] )  # すべてのデータのインデックス
      p_weight = weights / weights.sum()  # 取り出す確率
      idx = np.random.choice( all_idx, size=x.shape[0], replace=True, p=p_weight )
      # インデックスの位置から学習用データを作成する
      x = _x[idx]
      y = _y[idx]
      # モデルを学習する
      tree.fit( x, y )
      # 一度、学習データに対して実行する
      z = tree.predict( x )
      # 値の大きさに影響されないよう、相対誤差とする
      l = np.absolute( z - y ).reshape( ( -1, ) ) / y.mean()
```

185

■ SECTION-022 ■ AdaBoost.RT

```python
        # 正解に相当するデータを探す
        filter = l < threshold   # 正解に相当するデータの位置がTrueになる配列
        err = weights[ filter==False ].sum()   # 不正解に相当する位置にある重みの合計
        print( 'itre #%d -- error=%f'%( i+1, err ) )
        # 終了条件
        if err < 1e-10:   # 完全に学習してしまった
            self.beta = self.beta[ :i ]
            break
        # AdaBoost.RTの計算
        self.trees.append( tree )
        self.beta[ i ] = err / ( 1.0 - err ) # 式6
        weights[ filter ] *= self.beta[ i ] ** 2 # 式7
        weights /= weights.sum() # 重みの正規化

    def predict( self, x ):
        # 各モデルの出力の合計
        z = np.zeros( ( len(x), 1 ) )
        # 各モデルの貢献度を求める
        w = np.log( 1.0 / self.beta ) # 式8
        # すべてのモデルの貢献度付き合算
        for i, tree in enumerate( self.trees ):
            p = tree.predict( x )
            z += p * w[ i ]
        return z / w.sum()

    def __str__( self ):
        s = []
        w = np.log( 1.0 / self.beta )
        for i, t in enumerate( self.trees ):
            s.append( 'tree: #%d -- weight=%f'%( i+1, w[ i ] ) )
            s.append( str( t ) )
        return '\n'.join( s )


if __name__ == '__main__':
    np.random.seed( 1 )
    import pandas as pd
    ps = support.get_base_args()
    ps.add_argument( '--boost', '-b', type=int, default=5, help='Bum of Boosting' )
    ps.add_argument( '--depth', '-d', type=int, default=5, help='Max Tree Depth' )
    ps.add_argument( '--threshold', '-t', type=float, default=0.01, help='Threshold' )
    args = ps.parse_args()

    df = pd.read_csv( args.input, sep=args.separator, header=args.header, index_col=args.indexcol )
    x = df[ df.columns[ :-1 ] ].values

    if args.regression:
```

■ SECTION-022 ■ AdaBoost.RT

```
y = df[ df.columns[ -1 ] ].values.reshape( ( -1, 1 ) )

plf = AdaBoostRT( threshold=args.threshold, boost=args.boost, max_depth=args.depth )

support.report_regressor( plf, x, y, args.crossvalidate )
```

#### ◆ AdaBoost.RTの学習と実行

以上で「adaboost_rt.py」が完成したので、前章と同じようにCHAPTER 01でダウンロードした検証用のデータセットに対して実行します。AdaBoost.RTではthreshold値を学習データに合わせて設定する必要がありますが、threshold値は「airfoil_self_noise.dat」のデータに対しては0.01、「winequality-red.csv」と「winequality-white.csv」のデータに対しては0.05を使用しました。

| target | function | AdaBoost.RT | | |
|--------|----------|-----|----|----|
| | ブースティング回数 | 5 | 10 | 20 |
| airfoil | R2Score | 0.71101 | 0.73401 | 0.61391 |
| | MeanSquared | 13.618 | 12.432 | 18.844 |
| winequality-red | R2Score | 0.34408 | 0.34512 | 0.34796 |
| | MeanSquared | 0.42322 | 0.42226 | 0.41977 |
| winequality-white | R2Score | 0.34176 | 0.34243 | 0.33908 |
| | MeanSquared | 0.51444 | 0.51479 | 0.51705 |

いずれもベースとなったPrunedTreeのスコアを超えており、ブースティングが効果をもたらしていることがわかります。また、10回から20回に増えるといくつかのデータセットで過学習によるスコアの低下が見られます。

# SECTION-023

# AdaBoost.R2

## AdaBoost.R2のアルゴリズム

先ほど作成したAdaBoost.RTは、AdaBoost.M1の単純な回帰への応用でしたが、ここではもう1つ回帰に使用される改良AdaBoostアルゴリズムとして、**AdaBoost.R2**[8-3]を紹介します。

### ◆ AdaBoost.R2のアイデア

AdaBoost.R2ではAdaBoost.RTとは異なり、機械学習モデルの出力に対して、「正解」や「不正解」といった区別を行いません。そのため、当然ながら、アルゴリズムのパラメーターであるthreshold値も不要になります。その代わりにAdaBoost.R2では回帰として出力された値の残差を求め、その絶対値から、すべてのデータに対して損失の値を計算します。

ここでAdaBoostアルゴリズムの基本的なアイデアを思い出すと、それは、分類しにくいデータほどそのデータの重みを増やし、分類しやすいデータほどそのデータの重みを減らすことを繰り返す、というものでした。

それに対してAdaBoost.R2では、すべてのデータに対して損失を求めることで、データに対して「判断しやすいデータ」や「判断しにくいデータ」といった、「判断のしにくさ」を数値化します。

ここで、「判断のしにくさ」から直接、どの程度データの重みを更新するかを計算することで、AdaBoost.RTのようなデータの区別を行わずにAdaBoostを実装できる、というのがAdaBoost.R2の基本的なアイデアとなります。

### ◆ AdaBoost.R2での損失

AdaBoost.R2における損失を求めるには、まず機械学習モデルの出力から残差の絶対値を取ります。ここではm番目の決定木のi番目のデータに対する、残差の絶対値を$\iota_{mi}$とします。

$$\iota_{mi} = \left| y_{mi} - h_{mi} \right| \qquad \text{(式9)}$$

そして、そこから損失を求めますが、AdaBoost.R2の損失には、いくつかのバリエーションが提案されています。それらを式10に提示しますが、論文によると線形な損失（式10-1）や二乗平均誤差（式10-2）、指数誤差（式10-3）のいずれかを使用するとされています。それ以外の形の関数でもアルゴリズムの動作上問題はなさそうですが、ここで重要なのが、残差の最大値（Den）で割ることで、損失の値を、常に0から1までの範囲になるようにしている点です。

---

[8-3] Harris Drucker. Improving Regressors using Boosting Techniques. oai:CiteSeerX. psu:10.1.1.31.314, 1997.
http://professordrucker.com/Pubications/ImprovingRegressorsUsingBoostingTechniques.pdf

■ SECTION-023 ■ AdaBoost.R2

$$Den_m = \max_{i=1\cdots n}(\iota_{mi}) \qquad (式10)$$

$$E_{mi} = \frac{\iota_{mi}}{Den_m} \qquad (式10\text{-}1)$$

$$E_{mi} = \left(\frac{\iota_{mi}}{Den_m}\right)^2 \qquad (式10\text{-}2)$$

$$E_{mi} = 1 - \exp\left(-\frac{\iota_{mi}}{Den_m}\right) \qquad (式10\text{-}3)$$

この章では、損失として線形な損失(式10-1)を使用します。そして、それぞれのデータに対する損失を、そのデータの重みに掛け合わせて合算すると、最終的な機械学習モデルの損失が生成されます(式11)。

$$E_m = \sum_i E_{mi} \cdot w_{mi} \qquad (式11)$$

値の範囲を0から1になるようにしたので、機械学習モデルの残差が、何の傾向もないランダムなものの場合、損失の期待値は1/2になります。これはつまり、損失の値が1/2より小さければ、判断しやすいデータとしにくいデータに何らかの傾向があるということを表しています。

そこで、損失の値が1/2より小さな間だけ、判断しにくいデータの重みを増やしながらブースティングを繰り返すことになります。

損失の値が1/2のときに、判断しやすいデータとしにくいデータに違いはなく、機械学習モデルの性能からはそれ以上のブースティングはできないことになります。

$$\beta_m = \frac{E_m}{1 - E_m} \qquad (式12)$$

$$w_{(m+1)i} = w_{mi} \cdot \beta_m^{1-E_{mi}} \qquad (式13)$$

AdaBoost.R2における重みの更新は上記の式で表され、損失からβの値を求めるところはAdaBoost.RTと同じですが、βから重みを更新する際には、「正解」と「不正解」のような区別を行うのではなく、それぞれのデータに対してβの(1-損失)乗を掛け合わせることで、新しい重みを作成します。

■ SECTION-023 ■ AdaBoost.R2

◆ AdaBoost.R2の実行

AdaBoost.RTでは最終的な結果は、すべてのモデルの重み付き平均でしたが、AdaBoost.R2では最終的な結果を求める処理にも工夫が入れられています。論文[83]にある記法をそのままに、AdaBoost.R2での最終的な結果を求める数式を提示すると、式14となります。

$$h_{fin} = \inf \left[ y \in Y : \sum_{t \,|\, h_i \leq y} \log \frac{1}{\beta_t} \geq \frac{1}{2} \sum_t \log \frac{1}{\beta_t} \right] \qquad (式14)$$

この式の意味は、すべての機械学習モデルについて、モデルの出力の値が小さい順番でその貢献度を合算していき、すべての貢献度の合計の1/2以上にならない下界を求める（inf=下界を求める記号）、というものになります。

つまり、貢献度を累積するように合算していき、すべての合計の半分になって時点で、その位置にあるモデルの出力を最終的な結果とする、という意味です。そしてその処理は、結果を求めるデータそれぞれに対して行われます。

そのため、AdaBoost.R2での最終的な結果は、これまでのアンサンブル学習アルゴリズムのように、すべてのモデルの出力から計算された平均値ではなく、学習済みのモデルの出力の、どれかから取り出されたものとなります。

数式だけではわかりにくいので、図を使用して上記の処理を解説します。

●最も良さそうなモデルを選択する

# SECTION-023 ■ AdaBoost.R2

まず前提として、機械学習モデルの出力は完璧ではなく、すべてのモデルので何らかの誤差があるものとします。そして、それぞれのモデルの出力からの残差が平均的な場合、つまりデータに対する出力に特段の傾向がなく、ランダムな誤差が発生する場合は、モデルの出力を小さな順に並び替えると、真ん中にあるモデルが最も良さそうなモデルということになります（図中上段）。

さらに、それぞれのモデルの出力に傾向がある場合、そのデータに対しては「小さめに出力される」「大きめに出力される」ような学習が行われやすい、ということです。

この場合、傾向と反対側にあるモデルの方が貢献度の値が大きくなるので、やはりすべてのモデルの貢献度を合算した値の、半分の値になるまで貢献度を合算していくと、最もそれらしい出力を返すモデルが選択できます。

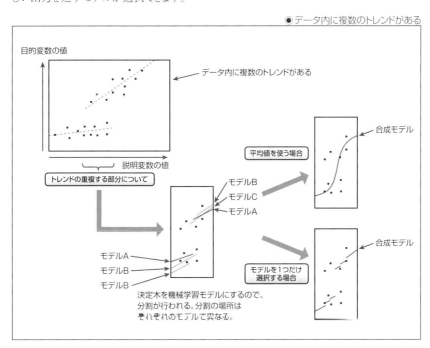

●データ内に複数のトレンドがある

なぜモデルの出力を平均するのではなく、最も良さそうなモデルを選択するのかは、上図で説明されます。学習データの中に複数のトレンドが存在している場合、それぞれのトレンドの重なる範囲において、どのようなモデルを構築するかが、汎化誤差を減少させるためのポイントとなります。

AdaBoost.R2では決定木による機械学習モデルを想定しているので、データのトレンドが不連続な際は、モデルの分割が行われることになります。そして、その分割点は、それぞれの機械学習モデルによって異なるわけですが、それぞれの機械学習モデルにおける違いを、どのトレンドをどこまで考慮するかの違いだと仮定するならば、モデルの出力の平均値を取る場合と違い、最も良さそうなモデルを選択することで、どのトレンドにも属していない値が出力される可能性を排除することができます。

■ SECTION-023 ■ AdaBoost.R2

言い換えるならば、機械学習モデルの数が増えていくと、モデルの平均値は複数のトレンドがある場合、トレンドの間を連続的につなぐことになりますが、モデルを1つだけ選択する場合、すべての出力値はいずれかのトレンドに属するものとなる可能性が高い、ということです。

## ● AdaBoost.R2の実装

以上でAdaBoost.R2の解説が終わりましたので、実際にプログラムを実装していきます。AdaBoost.R2のアルゴリズムを実装するクラスは、「adaboost_r2.py」という名前のファイルに「AdaBoostR2」という名前で作成します。AdaBoost.R2ではthreshold値は使用しないので、作成するクラス変数はAdaBoost.M1の時と同じになります。

**SOURCE CODE** | adaboost_r2.pyのコード

```python
import numpy as np
import support
import entropy
from linear import Linear
from pruning import PrunedTree


class AdaBoostR2:
  def __init__( self, boost=5, max_depth=5 ):
    self.boost = boost
    self.max_depth = max_depth
    self.trees = None
    self.beta = None
```

### ◆ 学習と実行の実装

次に、AdaBoost.R2の学習と実行を行うコードを作成します。まず、「fit」関数の中には、先ほどのAdaBoost.RTと同じようにブースティングのループを作成します。

**SOURCE CODE** | adaboost_r2.pyのコード

```python
def fit( self, x, y ):
  # ブースティングで使用する変数
  _x, _y = x, y  # 引数を待避しておく
  self.trees = []  # 各機械学習モデルの配列
  self.beta = np.zeros( ( self.boost, ) )
  # 学習データに対する重み
  weights = np.ones( ( len( x ), ) ) / len( x )
  # ブースティング
  for i in range( self.boost ):
    # 決定木モデルを作成
    tree = PrunedTree( max_depth=self.max_depth, metric=entropy.deviation, leaf=Linear )
    # 重み付きの機械学習モデルを代替するため、重みを確率にしてインデックスを取り出す
    all_idx = np.arange( x.shape[0] )  # すべてのデータのインデックス
    p_weight = weights / weights.sum()  # 取り出す確率
    idx = np.random.choice( all_idx, size=x.shape[0], replace=True, p=p_weight )
```

192

■SECTION-023 ■ AdaBoost.R2

```
# インデックスの位置から学習用データを作成する
x = _x[idx]
y = _y[idx]
# モデルを学習する
tree.fit( x, y )
```

AdaBoost.R2では、AdaBoost.RTに比べて「正解」に相当するデータを選択する処理がなくなっており、同時に「filter」変数もなくなります。その代わりに、すべてのデータに対して損失を求め、最大の値が1になるように変数「den」で割っています。数式にはないプログラミング上のエラー処理として、変数「den」に0値チェックを入れることも忘れないでください。

その後の早期終了条件と、AdaBoost.R2アルゴリズムの数式は、先ほど解説した内容をそのままPythonのコードにしただけなので、特に問題はないでしょう。

以上の内容を実装すると、次のようになります。このコードは、ブースティングを行うループの中に作成します。

**SOURCE CODE** ‖ adaboost_r2.pyのコード

```
# 一度, 学習データに対して実行する
z = tree.predict( x )
# 差分の絶対値
l = np.absolute( z - y ).reshape( ( -1, ) )
den = np.max( l )
if den > 0:
  loss = l / den  # 最大の差が1になるようにする
err = np.sum( weights * loss ) # ランダムな残差だと期待値が1/2になる
print( 'itre #%d -- error=%f'%( i+1, err ) )
# 終了条件
if i == 0 and err == 0:  # 最初に完全に学習してしまった
  self.trees.append( tree )  # 最初のモデルだけ
  self.beta = self.beta[ :i+1 ]
  break
if err >= 0.5 or err == 0:
  # 1/2より小さければ, 判断しやすいデータとしにくいデータに傾向があるということ
  self.beta = self.beta[ :i ]
  break
self.trees.append( tree )
# AdaBoost.R2の計算
self.beta[ i ] = err / ( 1.0 - err )  # 式12
weights *= [ np.power( self.beta[ i ], 1.0 - lo ) for lo in loss ]  # 式13
weights /= weights.sum() # 重みの正規化
```

少しわかりにくいのが「predict」関数の実装です。AdaBoost.R2の実行では、モデルの出力の値が小さい順番で貢献度を合算していき、すべての貢献度の合計の1/2以上にならない下界を求めます。

08 CHAPTER
改良AdaBoost

193

■ SECTION-023 ■ AdaBoost.R2

　この処理を素直に実装するならば、まずすべてのデータに対して、モデルの出力を整列させ、そしてその整列と同じ順序で貢献度の値を累積的に合算していき、値が最終的な合計の半分になった時点で合算のループを終了させます。

　しかし、それでは、すべてのデータに対してループ処理を行い、さらにその中で累積和のループ処理を行うという二重ループになってしまい、実行の効率が非常に悪くなります。

　そこでプログラム的にはあらかじめすべての値を求めておいてから、下界となる条件を検索するようになっています。つまり、Numpyの「cumsum」関数で貢献度のすべての累積和をあらかじめ計算しておき、その累積和の最後の列から合計を取り出し、合計の1/2以上かどうかの条件式でTrue/Falseからなるフィルターの行列を作成します。

　そして、「argmax」関数を使用することでTrueが最初に登場する位置を取得すれば、その位置が、すべての貢献度の合計の1/2以上にならない下界となる分岐点です。

　あとはその出力の場所にある実行結果の値を求めて返すことで、「predict」関数が完成します。

SOURCE CODE　　adaboost_r2.pyのコード

```python
def predict( self, x ):
    # 各モデルの貢献度を求める
    w = np.log( 1.0 / self.beta )
    if w.sum() == 0:
        w = np.ones( ( len( self.trees ), ) ) / len( self.trees )
    # 各モデルの実行結果を予め求めておく
    pred = [ tree.predict( x ).reshape( ( -1, ) ) for tree in self.trees ]
    pred = np.array( pred ).T  # 対角にするので(データの個数×モデルの数)になる
    # まずそれぞれのモデルの出力を、小さい順に並べて累積和を取る
    idx = np.argsort( pred, axis=1 )  # 小さい順番の並び
    cdf = w[ idx ].cumsum( axis=1 )  # 貢献度を並び順に累積してゆく
    cbf_last = cdf[ :,-1 ].reshape( ( -1,1 ) )  # 累積和の最後から合計を取得して整形
    # 下界を求める〜プログラム上は全部計算する
    above = cdf >= ( 1 / 2 ) * cbf_last  # これはTrueとFalseの二次元配列になる
    # 下界となる場所のインデックスを探す
    median_idx = above.argmax( axis=1 )  # Trueが最初に現れる位置
    # そのインデックスにある出力の場所(最初に並べ替えたから)
    median_estimators = idx[ np.arange( len( x ) ), median_idx ]
    # その出力の場所にある実行結果の値を求めて返す
    result = pred[ np.arange( len( x ) ), median_estimators ]
    return result.reshape( ( -1, 1 ) )  # もとの次元の形に戻す
```

■SECTION-023 ■ AdaBoost.R2

◆最終的なコード

最後に、プログラムとしてAdaBoost.R2を実行するためのコードを追加し、「adaboost_rt.2.py」が完成します。完成した「adaboost_r2.py」は、次のようになります。

**SOURCE CODE** ‖ adaboost_r2.pyのコード

```python
import numpy as np
import support
import entropy
from linear import Linear
from pruning import PrunedTree


class AdaBoostR2:
  def __init__( self, boost=5, max_depth=5 ):
    self.boost = boost
    self.max_depth = max_depth
    self.trees = None
    self.beta = None

  def fit( self, x, y ):
    # ブースティングで使用する変数
    _x, _y = x, y  # 引数を待避しておく
    self.trees = []  # 各機械学習モデルの配列
    self.beta = np.zeros( ( self.boost, ) )
    # 学習データに対する重み
    weights = np.ones( ( len( x ), ) ) / len( x )
    # ブースティング
    for i in range( self.boost ):
      # 決定木モデルを作成
      tree = PrunedTree( max_depth=self.max_depth, metric=entropy.deviation, leaf=Linear )
      # 重み付きの機械学習モデルを代替するため、重みを確率にしてインデックスを取り出す
      all_idx = np.arange( x.shape[0] )  # すべてのデータのインデックス
      p_weight = weights / weights.sum()  # 取り出す確率
      idx = np.random.choice( all_idx, size=x.shape[0], replace=True, p=p_weight )
      # インデックスの位置から学習用データを作成する
      x = _x[idx]
      y = _y[idx]
      # モデルを学習する
      tree.fit( x, y )
      # 一度、学習データに対して実行する
      z = tree.predict( x )
      # 差分の絶対値
      l = np.absolute( z - y ).reshape( ( -1, ) )
      den = np.max( l )
      if den > 0:
        loss = l / den  # 最大の差が1になるようにする
      err = np.sum( weights * loss ) # ランダムな残差だと期待値が1/2になる
```

■ SECTION-023 ■ AdaBoost.R2

```python
    print( 'itre #%d -- error=%f'%( i+1, err ) )
    # 終了条件
    if i == 0 and err == 0:   # 最初に完全に学習してしまった
      self.trees.append( tree )   # 最初のモデルだけ
      self.beta = self.beta[ :i+1 ]
      break
    if err >= 0.5 or err == 0:
      # 1/2より小さければ、判断しやすいデータとしにくいデータに傾向があるということ
      self.beta = self.beta[ :i ]
      break
    self.trees.append( tree )
    # AdaBoost.R2の計算
    self.beta[ i ] = err / ( 1.0 - err )   # 式12
    weights *= [ np.power( self.beta[ i ], 1.0 - lo ) for lo in loss ]   # 式13
    weights /= weights.sum() # 重みの正規化

  def predict( self, x ):
    # 各モデルの貢献度を求める
    w = np.log( 1.0 / self.beta )
    if w.sum() == 0:
      w = np.ones( ( len( self.trees ), ) ) / len( self.trees )
    # 各モデルの実行結果を予め求めておく
    pred = [ tree.predict( x ).reshape( ( -1, ) ) for tree in self.trees ]
    pred = np.array( pred ).T   # 対角にするので(データの個数×モデルの数)になる
    # まずそれぞれのモデルの出力を、小さい順に並べて累積和を取る
    idx = np.argsort( pred, axis=1 )   # 小さい順番の並び
    cdf = w[ idx ].cumsum( axis=1 )   # 貢献度を並び順に累積してゆく
    cbf_last = cdf[ :,-1 ].reshape( ( -1,1 ) )   # 累積和の最後から合計を取得して整形
    # 下界を求める~プログラム上は全部計算する
    above = cdf >= ( 1 / 2 ) * cbf_last   # これはTrueとFalseの二次元配列になる
    # 下界となる場所のインデックスを探す
    median_idx = above.argmax( axis=1 )   # Trueが最初に現れる位置
    # そのインデックスにある出力の場所(最初に並べ替えたから)
    median_estimators = idx[ np.arange( len( x ) ), median_idx ]
    # その出力の場所にある実行結果の値を求めて返す
    result = pred[ np.arange( len( x ) ), median_estimators ]
    return result.reshape( ( -1, 1 ) )   # もとの次元の形に戻す

  def __str__( self ):
    s = []
    w = np.log( 1.0 / self.beta )
    if w.sum() == 0:
      w = np.ones( ( len( self.trees ), ) ) / len( self.trees )
    else:
      w /= w.sum()
    for i, t in enumerate( self.trees ):
      s.append( 'tree: #%d -- weight=%f'%( i+1, w[ i ] ) )
```

■ SECTION-023 ■ AdaBoost.R2

```python
        s.append( str( t ) )
    return '\n'.join( s )


if __name__ == '__main__':
    np.random.seed( 1 )
    import pandas as pd
    ps = support.get_base_args()
    ps.add_argument( '--boost', '-b', type=int, default=5, help='Bum of Boosting' )
    ps.add_argument( '--depth', '-d', type=int, default=5, help='Max Tree Depth' )
    args = ps.parse_args()

    df = pd.read_csv( args.input, sep=args.separator, header=args.header, index_col=args.indexcol )
    x = df[ df.columns[ :-1 ] ].values

    if args.regression:
        y = df[ df.columns[ -1 ] ].values.reshape( ( -1, 1 ) )
        plf = AdaBoostR2( boost=args.boost, max_depth=args.depth )
        support.report_regressor( plf, x, y, args.crossvalidate )
```

## ◆ AdaBoost.R2の学習と実行

　以上で「**adaboost_rt2.py**」が完成したので、前章と同じようにCHAPTER 01でダウンロードした検証用のデータセットに対して実行します。

| target | function | AdaBoost.R2 | | |
|---|---|---|---|---|
| | ブースティング回数 | 5 | 10 | 20 |
| airfoil | R2Score | 0.76336 | 0.76862 | 0.76924 |
| | MeanSquared | 11.041 | 10.831 | 10.819 |
| winequality-red | R2Score | 0.34512 | 0.35078 | 0.35755 |
| | MeanSquared | 0.42215 | 0.41910 | 0.41437 |
| winequality-white | R2Score | 0.32918 | 0.34095 | 0.34252 |
| | MeanSquared | 0.52469 | 0.51513 | 0.51408 |

　結果は、ブースティングの回数によりスコアの向上があり、AdaBoost.RTよりも過学習が起こりにくいように見えます。また、ベンチマークにあるアルゴリズムすべてを超えるスコアとなっています。

# CHAPTER 09
## 勾配ブースティング

# SECTION-024

# 勾配ブースティング

## ⚫ 勾配ブースティングとは

CHAPTER 07とCHAPTER 08で作成したAdaBoostとその改良アルゴリズムは、最初に
クラス分類用のアルゴリズムが発明されて、後からそれを回帰に応用するアルゴリズムが発明
されていました。

一方、この章で作成する**勾配ブースティング**は、最初に回帰を行うアルゴリズムとして考案
されたものになります。

本書ではクラス分類を行う際のデータとして、クラスの属する確率を扱うようにしているので、
クラス分類においても勾配ブースティングのアルゴリズムをそのまま利用することができます。

### ◆ 勾配ブースティングのアイデア

CHAPTER 07とCHAPTER 08では、2クラス分類を行うオリジナルのAdaBoostから初め
て、多クラス分類、そして回帰へと、AdaBoostが改良されていく経緯を解説してきました。

CHAPTER 08の最後に作成したAdaBoost.R2では、その時点での全体モデルの出力
から残差の絶対値を求め、その値が少なくなる方向ように、新しい決定木を学習させます。そ
してそのとき、新しい決定木を学習させるための方法は、学習データの重みを変更する、とい
うものでした。

さて、新しい決定木を学習させる目的が全体モデルの残差を少なくすることであるならば、
その残差をそのまま新しい決定木の目的変数とすればよいのではないか、というのが、勾配
ブースティング法の直感的なアイデアとなります。

つまり、勾配ブースティングでは、その時点でのモデル全体の出力から正解データとの残
差を求め、その残差をそのまま次の決定木の学習に使用する目的変数とします。

そして全体モデルの出力は、すべての決定木の出力を合算したものとなります。

### ◆ 勾配降下法によるブースティング

勾配ブースティングの基本は、CHAPTER 03で作成した確率的勾配降下法を、ブース
ティングアルゴリズムに応用したものになります[9-1]。

AdaBoostではモデルの出力における残差の絶対値を損失としましたが、勾配ブースティ
ングでは損失は二乗平均誤差を基本にします。

確率的勾配降下法では、i回目の学習における二乗平均誤差$i$を損失とし（式1）、微分した
モデルに学習率$\eta$を掛け合わせた値でモデルを更新していきます。

$$\iota_{mi} = (y_{mi} - h_{mi})^2$$
$$\iota_i = \frac{1}{M}\sum_m \iota_{mi} \qquad (式1)$$

---

**[9-1]** Jerome H. Friedman, Greedy Function Approximation: A Gradient Boosting Machine, 1999.
https://statweb.stanford.edu/~jhf/ftp/trebst.pdf

この原理はCHAPTER 03で紹介した内容そのままなのですが、データの分割を行う決定木をモデルに使用する場合、モデルを直接、微分することができないという問題があります。

しかし、微分の目的は学習のための勾配を作成することなので、目的変数であるyで偏微分するとした場合、勾配は単純に前回の出力との差分を取ることで得ることができます（式2）。

$$h_{i+1} = h_i + \eta \cdot \frac{\delta \iota_i}{\delta y}$$
$$= h_i + \eta \cdot 2 \cdot \sum_m (y_{mi} - h_{mi})$$

（式2）

式2は、1つ機械学習モデルを追加した新しい全体モデルの出力は、現在の全体モデルの出力に、残差に学習率を掛け合わせたものを加算すると求められることを表しています。したがって、新しく追加する機械学習モデルの目的変数は、それまでの全体モデルから計算された残差に学習率を掛け合わせたものとなるわけです。

そして、確率的勾配降下法における学習をブースティングのループに置き換えると、最終的な出力は全モデルの出力の合計となります。

◆ 勾配ブースティングの改良

勾配ブースティングの重要な改良として、各ブースティングの際に学習用データをランダムにサンプリングするというものがあります。これは、CHAPTER 06で紹介したバギングアルゴリズムから着想を得たもので、必ずしも数学的に定性化はされていませんが、これにより勾配ブースティングの汎化誤差が大幅に低下することが報告されています[9-2]。

この際に使用するランダムサンプリングは、データそのものと学習させる次元の両方に適用できて、通常は重複の無いサンプリングを行います。

一般的に勾配ブースティングのアルゴリズムでは、過学習が起こりがちになるので、この手法は重要な改良点として一般的に使用されます。

### 勾配ブースティングの実装

それでは実際に勾配ブースティングのアルゴリズムを実装します。まず、「gradientboost.py」という名前のファイルに「GradientBoost」という名前のクラスを作成し、必要なパラメーターを作成します。

**SOURCE CODE** | gradientboost.pyのコード

```
import numpy as np
import random
import support
import entropy
from zeror import ZeroRule
from linear import Linear
from pruning import PrunedTree

class GradientBoost:
```

[9-2] Jerome H. Friedman, Stochastic Gradient Boosting, 1999.
https://statweb.stanford.edu/~jhf/ftp/stobst.pdf

■ SECTION-024 ■ 勾配ブースティング

```
def __init__( self, boost=5, eta=0.3, bag_frac=0.8, feat_frac=1.0, tree_params={} ):
    self.boost = boost
    self.eta = eta
    self.bag_frac = bag_frac
    self.feat_frac = feat_frac
    self.tree_params = tree_params
    self.trees = None
    self.feats = None
```

　ここでは学習率の値として「eta」、バギングの際のデータと次元の取り出す大きさを「bag_frac」「feat_frac」という名前の変数として作成しました。

　また、ブースティングの回数は「boost」、決定木のパラメーターは「tree_params」変数に保存します。

### ◆ 学習の実装

　次に、勾配ブースティングの学習を行う「fit」関数ですが、これは先ほど解説したアルゴリズムをそのまま実装するものになります。

　勾配ブースティングのアルゴリズムは単純なアイデアに基づいているので、実装も簡単にできます。ここではまず、初回の学習を行い、現時点でのモデルの学習用データに対する出力を表す「cur_data」と、現在の勾配を表す「cur_grad」変数を作成します。そしてブースティングのループ内では、新しい学習を行いつつ、現在の出力と勾配を更新していきます。

　勾配ブースティングではAdaBoostとは異なり、ループの終了条件はありません。ここでは勾配がすべて0になったら終了するようにしていますが、前述したように、勾配ブースティングのアルゴリズムでは過学習が起こりやすいので、必要なループの回数は慎重に設定する必要があります。

**SOURCE CODE ‖ gradientboost.pyのコード**

```
def fit( self, x, y ):
    # ブースティングで使用する変数
    self.trees = []   # 各機械学習モデルの配列
    self.feats = []   # 各機械学習モデルで使用する次元
    # 初回の学習
    tree = PrunedTree( **self.tree_params )
    tree.fit( x, y )
    cur_data = tree.predict( x )
    # 勾配を作成する
    cur_grad = self.eta * ( y - cur_data )
    # 学習したモデルを追加
    self.trees.append( tree )
    self.feats.append( np.arange( x.shape[1] ) )
    # ブースティング
    for i in range( self.boost - 1 ):
        # バギング
        train_x = x
```

■SECTION-024 ■ 勾配ブースティング

```
    train_y = cur_grad

    # ここで学習データと次元を選択する

    # 勾配を目的変数にして学習する
    tree = PrunedTree( **self.tree_params )
    tree.fit( train_x, train_y )
    # 一度、学習データに対して実行する
    cur_data += tree.predict( x )
    # 勾配を更新する
    cur_grad = self.eta * ( y - cur_data )
    # 学習したモデルを追加
    self.trees.append( tree )
    # 勾配がなくなったら終了
    if np.all( cur_grad == 0 ):
      break
```

上記の「# ここで学習データと次元を選択する」という部分には、勾配ブースティングの改良である、重複のないサンプリングを使用してデータを選択するコードを作成します。

データの次元数を選択する場合は、使用する次元を「self.feats」変数に保存しておき、後で実行する際に利用できるようにします。

SOURCE CODE | gradientboost.pyのコード

```
if self.feat_frac < 1.0:
    # 説明変数内の次元から、ランダムに使用する次元を選択する
    features = int( round( x.shape[1] * self.feat_frac ) )
    index = random.sample( range( x.shape[1] ), features )
    train_x = x[ :,index ]
    self.feats.append( index )
else:
    self.feats.append( np.arange( x.shape[1] ) )
if self.bag_frac < 1.0:
    # 説明変数から、ランダムに選択する
    baggings = int( round( x.shape[0] * self.bag_frac ) )
    index = random.sample( range( x.shape[0] ), baggings )
    train_x = train_x[ index ]
    train_y = train_y[ index ]
```

◆実行の実装

モデルの実行については更に簡単で、すべてのモデルの出力を足し合わせて最終的な出力とするだけです。

本書ではクラス分類の際のデータ形式として、クラスの属する確率を使用しているので、回帰とクラス分類とで特にコードを分ける必要はありません。各クラスの属する確率について、それぞれのモデルの出力を足し合わせた値が、最終的な出力になります。

そのための「predict」関数は次のようになります。

203

■ SECTION-024 ■ 勾配ブースティング

| SOURCE CODE | gradientboost.pyのコード |

```
def predict( self, x ):
  # 各モデルの出力の合計
  z = [ tree.predict( x[ :, f ] ) for tree, f \
      in zip( self.trees, self.feats ) ]
  return np.sum( z, axis=0 )
```

モデルの文字列表現は、すべての決定木の内容を表示するように作成します。

| SOURCE CODE | gradientboost.pyのコード |

```
def __str__( self ):
  s = []
  for i, t in enumerate( self.trees ):
    s.append( 'tree: #%d'%( i+1, ) )
    s.append( str( t ) )
  return '\n'.join( s )
```

◆最終的なコード

そして、プログラムとして勾配ブースティングを実行するためのコードを追加し、「gradient boost.py」が完成します。完成した「gradientboost.py」は、次のようになります。

| SOURCE CODE | gradientboost.pyのコード |

```
import numpy as np
import random
import support
import entropy
from zeror import ZeroRule
from linear import Linear
from pruning import PrunedTree

class GradientBoost:
  def __init__( self, boost=5, eta=0.3, bag_frac=0.8, feat_frac=1.0, tree_params={} ):
    self.boost = boost
    self.eta = eta
    self.bag_frac = bag_frac
    self.feat_frac = feat_frac
    self.tree_params = tree_params
    self.trees = None
    self.feats = None

  def fit( self, x, y ):
    # ブースティングで使用する変数
    self.trees = []   # 各機械学習モデルの配列
    self.feats = []   # 各機械学習モデルで使用する次元
    # 初回の学習
    tree = PrunedTree( **self.tree_params )
```

■ SECTION-024 ■ 勾配ブースティング

```python
        tree.fit( x, y )
        cur_data = tree.predict( x )
        # 勾配を作成する
        cur_grad = self.eta * ( y - cur_data )
        # 学習したモデルを追加
        self.trees.append( tree )
        self.feats.append( np.arange( x.shape[1] ) )
        # ブースティング
        for i in range( self.boost - 1 ):
            # バギング
            train_x = x
            train_y = cur_grad
            if self.feat_frac < 1.0:
                # 説明変数内の次元から、ランダムに使用する次元を選択する
                features = int( round( x.shape[1] * self.feat_frac ) )
                index = random.sample( range( x.shape[1] ), features )
                train_x = x[ :,index ]
                self.feats.append( index )
            else:
                self.feats.append( np.arange( x.shape[1] ) )
            if self.bag_frac < 1.0:
                # 説明変数から、ランダムに選択する
                baggings = int( round( x.shape[0] * self.bag_frac ) )
                index = random.sample( range( x.shape[0] ), baggings )
                train_x = train_x[ index ]
                train_y = train_y[ index ]
            # 勾配を目的変数にして学習する
            tree = PrunedTree( **self.tree_params )
            tree.fit( train_x, train_y )
            # 一度、学習データに対して実行する
            cur_data += tree.predict( x )
            # 勾配を更新する
            cur_grad = self.eta * ( y - cur_data )
            # 学習したモデルを追加
            self.trees.append( tree )
            # 勾配がなくなったら終了
            if np.all( cur_grad == 0 ):
                break

    def predict( self, x ):
        # 各モデルの出力の合計
        z = [ tree.predict( x[ :, f ] ) for tree, f \
            in zip( self.trees, self.feats ) ]
        return np.sum( z, axis=0 )

    def __str__( self ):
        s = []
```

09
CHAPTER
勾配ブースティング

205

■SECTION-024■ 勾配ブースティング

```python
    for i, t in enumerate( self.trees ):
      s.append( 'tree: #%d'%( i+1, ) )
      s.append( str( t ) )
    return '\n'.join( s )


if __name__ == '__main__':
  random.seed( 1 )
  import pandas as pd
  ps = support.get_base_args()
  ps.add_argument( '--boost', '-b', type=int, default=5, help='Num of Boost' )
  ps.add_argument( '--eta', '-l', type=float, default=0.3, help='Learning Ratio' )
  ps.add_argument( '--bagging_fraction', '-a', type=float, default=0.8, help='Bagging Fraction' )
  ps.add_argument( '--feature_fraction', '-f', type=float, default=1.0, help='Feature Fraction' )
  ps.add_argument( '--depth', '-d', type=int, default=5, help='Max Tree Depth' )
  args = ps.parse_args()

  df = pd.read_csv( args.input, sep=args.separator, header=args.header, index_col=args.indexcol )
  x = df[ df.columns[ :-1 ] ].values

  if not args.regression:
    y, clz = support.clz_to_prob( df[ df.columns[ -1 ] ] )
    plf = GradientBoost( boost=args.boost, eta=args.eta,
      bag_frac=args.bagging_fraction, feat_frac=args.feature_fraction,
      tree_params={ 'max_depth':args.depth, 'metric':entropy.gini, 'leaf':ZeroRule } )
    support.report_classifier( plf, x, y, clz, args.crossvalidate )
  else:
    y = df[ df.columns[ -1 ] ].values.reshape( ( -1, 1 ) )
    plf = GradientBoost( boost=args.boost, eta=args.eta,
      bag_frac=args.bagging_fraction, feat_frac=args.feature_fraction,
      tree_params={ 'max_depth':args.depth, 'metric':entropy.deviation, 'leaf':Linear } )
    support.report_regressor( plf, x, y, args.crossvalidate )
```

◆ 勾配ブースティングの学習と実行

　以上で「gradientboost.py」が完成したので、前章と同じようにCHAPTER 01でダウンロードした検証用のデータセットに対して実行します。

| target | function | 勾配ブースティング | | |
|---|---|---|---|---|
| | ブースティング回数 | 5 | 10 | 20 |
| iris | F1Score | 0.93734 | 0.93734 | 0.94657 |
| | Accuracy | 0.94000 | 0.94000 | 0.94667 |
| sonar | F1Score | 0.77212 | 0.79650 | 0.78875 |
| | Accuracy | 0.77404 | 0.79808 | 0.78846 |
| glass | F1Score | 0.63483 | 0.67161 | 0.67550 |
| | Accuracy | 0.64953 | 0.67757 | 0.67290 |
| airfoil | R2Score | 0.79264 | 0.82984 | 0.85444 |
| | MeanSquared | 9.8253 | 8.0181 | 6.8590 |
| winequality-red | R2Score | 0.29745 | 0.29110 | 0.31601 |
| | MeanSquared | 0.45215 | 0.45646 | 0.43895 |
| winequality-white | R2Score | 0.33480 | 0.34821 | 0.27888 |
| | MeanSquared | 0.52067 | 0.50941 | 0.55770 |

206

■SECTION-024■ 勾配ブースティング

　学習回数が増えると「winequality-white」データセットで過学習が発生する以外は、ブースティングの効果がよく現れており、これまで苦手だったデータセットに対しても良い結果が出ていることがわかります。

## SECTION-025

# 勾配ブースティングの改良

### 🔵 改良のアイデア

前章の改良AdaBoostと同様、勾配ブースティングのアルゴリズムにもさまざまな改良版が存在しています。それらのアルゴリズムは、XGBoostやCatBoost、LightGBMなどの名前が付けられて、ライブラリとして公開されています。

ここでは、それらのアルゴリズムに採用されている改良のポイントをいくつか導入した、独自の改良版勾配ブースティングのアルゴリズムを作成します。

### ◆ 正則化項の追加

機械学習における**正則化**とは、作成するモデルの自由度に制限を加えて、過学習の起こりやすいモデルを排除する手法を指します。一般的な線形回帰モデルにおいては、回帰モデルの複雑さや滑らかさをもとに**罰則項**を作成し、その値をモデルの損失と同時に扱います。罰則項は数値で計算され、モデルの出力との残差から求められる損失に加えられます。

つまり、過学習の起こりやすそうなモデルと起こりにくそうなモデルで同じ出力のスコアだった場合、過学習の起こりにくそうなモデルを採用するわけです。

決定木を使用したモデルの場合、通常、罰則項はすべての葉におけるスコアを作成し、そのスコアの二乗の平均(**L1正則化**)、分散(**L2正則化**)で測ります。勾配ブースティングの改良版の1つであるXGBoost[9-3]では、さらに決定木の深さも罰則項に加えています。つまり、決定木の深さが深いモデルほど罰則項の値が大きくなるわけです。

そうした罰則項の値がどの程度、損失に反映されるかは、あらかじめアルゴリズムに対してパラメーターとして与えられることが前提となっています。

したがって、それらのパラメーターについては、学習用データに合わせて調整する必要があります。**LightGBM**などのライブラリにあるパラメーターを見ると、本書で作成するアルゴリズムと共通するものが多くあることがわかるでしょう。

ここでは決定木のすべての葉における、測定用データにおけるスコアを計算し、決定木の葉の数とそれらのL1正則化スコア、L2正則化スコアを罰則項に使用します。

### ◆ 勾配降下法に運動量を追加

勾配ブースティングでは、確率的勾配降下法に基づくブースティングを行います。確率的勾配降下法についてもさまざまな改良版が存在しており、勾配の効果に運動量を加味した**MomentumSGD**や、移動指数平均を使用した**Adam**などのアルゴリズムが有名です。

ここでは、比較的簡単に実装できるMomentumSGDをオプションで使用できるように、勾配ブースティングのアルゴリズムに勾配の運動量を加えます。

通常の確率的勾配降下法は、前出の式2で表されますが、MomentumSGDではそれに、運動量の割合を表すパラメーター$\alpha$を掛け合わせた、勾配の運動量$\Delta hi$を加算します(式3)。

---

[9-3] Tianqi Chen, Carlos Guestrin. XGBoost: A Scalable Tree Boosting System. 2016.
https://arxiv.org/pdf/1603.02754.pdf

■ SECTION-025 ■ 勾配ブースティングの改良

$$h_{i+1} = h_i + \eta \cdot \frac{\delta \iota_i}{\delta y} + \alpha \Delta h_i \qquad （式3）$$

勾配の運動量については、前回のブースティングにおける勾配からの差分を取ることで、1回分の$\Delta h_i$を求めます。

## 決定木の実装

ここで実装する勾配ブースティングの改良アルゴリズムでは、決定木における葉のスコアを使用するので、はじめにすべての葉のスコアを取得できる決定木を作成します。

まずは「xgradientboost.py」というファイルを作成し、「ScoringTree」というクラスを作成します。クラスに必要な変数は「scoring」で、スコアを計算する際の関数を文字列で指定します。

```
SOURCE CODE   xgradientboost.pyのコード

import numpy as np
import random
import support
import entropy
from copy import deepcopy
from zeror import ZeroRule
from linear import Linear
from pruning import PrunedTree, getscore, criticalscore
from gradientboost import GradientBoost

class ScoringTree( PrunedTree ):
  def __init__( self, scoring='mse', max_depth=5, metric=entropy.gini,
                leaf=ZeroRule, critical=1.0, depth=1 ):
    super().__init__( max_depth=max_depth, metric=metric, leaf=leaf,
                      critical=critical, depth=depth )
    self.scoring = scoring  # mse or acc

  def get_node( self ):
    # 新しくノードを作成する
    return ScoringTree( max_depth=self.max_depth, metric=self.metric, leaf=self.leaf,
        critical=self.critical, depth=self.depth + 1 )
```

◆ 葉のスコアを列挙する

次に、すべての葉におけるスコアを計算するコードを作成します。

スコアの計算は、クラス内に「get_validation」という関数を作成し、その中で「self.scoring」変数の値に従って、回帰用かクラス分類用のスコアを計算します。「get_validation」関数の戻り値は、与えられたデータに対するスコアの配列となります。

ここではスコアを計算する関数として、回帰であれば二乗誤差を、クラス分類であれば不一致の数を返すようにしました。

■ SECTION-025 ■ 勾配ブースティングの改良

**SOURCE CODE** | xgradientboost.pyのコード

```python
def get_validation( self, y_pred, y_true ):
    # 正解データとの差をスコアにする関数
    s = np.array( [] )
    if self.scoring == 'mse':
        s = ( y_pred - y_true ) ** 2  # 二乗誤差
    elif self.scoring == 'acc':
        # 値が小さいほど良いので不一致の数(1-accuracy)
        s = ( y_pred.argmax( axis=1 ) != y_true.argmax( axis=1 ) ).astype( np.float32 )
    return s.reshape((-1,))
```

　次に、再帰的に呼び出される「**leaf_validations**」という関数を作成します。この関数では、葉が現れるまで木のノードをたどり、葉が現れたらその葉に対して検証用のデータを与え、結果からスコアを求めます。

　勾配ブースティングでは、全体モデルの出力はそれまでのモデルの出力に新しい決定木の出力を加えたものなので、引数にそれまでの出力を表す「**bef_pred**」を追加し、「**leaf_validations**」の中で全体モデルの出力を作成できるようにします。

　決定木の出力に「**bef_pred**」を加え、全体モデルの出力を作成したら、その出力と与えられた目的変数から、スコアを計算します。求められたスコアは、引数の「**scores**」リストに追加されます。

**SOURCE CODE** | xgradientboost.pyのコード

```python
def leaf_validations( self, x, y, bef_pred, scores ):
    # 説明変数から分割した左右のインデックスを取得
    feat = x[ :,self.feat_index ]
    val = self.feat_val
    l, r = self.make_split( feat, val )
    # 左右を実行して結果を作成する
    if self.left is not None and len( l ) > 0:
        if isinstance( self.left, ScoringTree ):
            # 枝なら再帰
            self.left.leaf_validations( x[ l ], y[ l ], bef_pred[ l ], scores )
        else:
            # 葉ならスコアを作成
            z = bef_pred[ l ] + self.left.predict( x[ l ] )
            s = self.get_validation( z, y[ l ] )
            scores.append( s )
    if self.right is not None and len( r ) > 0:
        if isinstance( self.right, ScoringTree ):
            # 枝なら再帰
            self.right.leaf_validations( x[ r ], y[ r ], bef_pred[ r ], scores )
        else:
            # 葉ならスコアを作成
            z = bef_pred[ r ] + self.right.predict( x[ r ] )
            s = self.get_validation( z, y[ r ] )
```

▼

■ SECTION-025 ■ 勾配ブースティングの改良

```
    scores.append( s )
```
▼

そして決定木に存在するすべての葉のスコアを返す「get_validations」関数ですが、これは先ほど作成した「leaf_validations」関数を呼び出すだけです。

**SOURCE CODE** | xgradientboost.pyのコード

```python
def get_validations( self, x, y, bef_pred ):
    scores = []
    self.leaf_validations( x, y, bef_pred, scores )
    return scores
```

そうすると、「leaf_validations」関数の戻り値は、すべての葉における、分割されたデータのスコアが入った配列となります。

したがって、戻り値に含まれるすべてのデータのスコアを平均すれば、通常の損失スコアとなり、葉毎のスコアを求めれば、正則化項に使用するスコアとなります。

### ◉ 改良勾配ブースティングの実装

次に、勾配ブースティングの改良アルゴリズムを作成します。「xgradientboost.py」内に先ほど作成した「GradientBoost」クラスの派生クラスとして「XGradientBoost」クラスを作成し、必要となる変数を作成します。クラスに必要な変数は正則化項に使用する「ganma」「lambda_l1」「lambda_l2」と、確率的勾配降下法で使用する「optimizer」「alpha」となります。

**SOURCE CODE** | xgradientboost.pyのコード

```python
class XGradientBoost( GradientBoost ):
    def __init__( self, boost=5, ganma=0.001, lambda_l1=0.01, lambda_l2=0.001,
                  optimizer='momentum', eta=0.15, alpha=0.9,
                  bag_frac=0.8, feat_frac=1.0, tree_params={} ):
        super().__init__( boost=boost, eta=eta, bag_frac=bag_frac, feat_frac=feat_frac,
                          tree_ params=tree_params )
        self.optimizer = optimizer
        self.ganma = ganma
        self.lambda_l1 = lambda_l1
        self.lambda_l2 = lambda_l2
        self.alpha = alpha
```

### ◆ 正則化を行う関数

「XGradientBoost」クラス内に「fit_one」という名前の関数を作成し、正則化した決定木の学習を行うコードを作成します。「fit_one」関数の引数には、決定木の学習に使用する「x」と「y」の他に、検証用データセットとなる「x_val」「y_val」、検証用データセットに対する直前のモデルの出力である「bef_pred_val」が必要になります。

「fit_one」関数ではまず「ScoringTree」クラスを作成し、データを学習させ、出力用の「fin_tree」変数を作成しておきます。

■ SECTION-025 ■ 勾配ブースティングの改良

**SOURCE CODE** | xgradientboost.pyのコード

```python
def fit_one( self, x, y, x_val, y_val, bef_pred_val ):
    # 決定木を一回学習させて返す
    min_score = np.inf
    # プルーニングなしの状態で学習させる
    self.tree_params[ 'critical' ] = 1.0
    tree = ScoringTree( **self.tree_params )
    tree.fit( x, y )
    fin_tree = deepcopy( tree )

    # ここに正則化を行うコードを作成する

    # 最も良かった状態の決定木を返す
    return fin_tree
```

◆ 少しずつ枝を刈る

先ほど作成した「**ScoringTree**」クラスはプルーニングに対応した決定木なので、Critical Valueアルゴリズムによるプルーニングを行うことができます。

さて、Critical Valueプルーニングでは、分割の学習を行ってから葉の学習を行うことができました。そして、どのスコアを閾値にプルーニングするかを指定することができます。

そこで「**fit_one**」関数の中では、最初に最大深さとなる決定木を学習した後、すべての分割のスコアを取得し、大きい順からその値が最大分割スコアとなるように、枝を1つずつプルーニングしていきます。そして都度、葉の学習を行い、すべての葉から検証用データセットからのスコアを求めます。

先ほどの「**# ここに正則化を行うコードを作成する**」という部分に、次の内容を作成します。

**SOURCE CODE** | xgradientboost.pyのコード

```python
# 'critical'プルーニング用の枝のスコア
score = []
getscore( tree, score ) # あらかじめすべての枝のスコアを求めておく
if len( score ) > 0:
    # 正則化を行う
    for score_max in sorted( score )[::-1]:
        if score_max <= 0:
            break
        # 枝を1つずつプルーニングしていく
        criticalscore( tree, score_max )
        # 葉を学習させる
        tree.fit_leaf( x, y )
        # 葉における正解データとの差のスコアを列挙する
        scores = tree.get_validations( x_val, y_val, bef_pred_val )

        # ここで罰則項を計算する
```

■ SECTION-025 ■ 勾配ブースティングの改良

◆罰則項を計算する

すべての葉のスコアを並べて平均を取れば、決定木全体の損失スコアとなります。

また、木の複雑さについては分割スコアに含まれる葉の数を使用します。その他の罰則項としては、葉におけるスコアを二乗し、すべての葉のスコアから平均と標準偏差を取れば、L1正則化スコアとL2正則化スコアとして扱うことができます。

罰則項については、パラメーターとして与えられた「ganma」「lambda_l1」「lambda_l2」の値を係数として掛け合わせた後で合算します。この場合、「ganma」「lambda_l1」「lambda_l2」がすべて0であれば、「Reduce Error」プルーニングと同じアルゴリズムになります。

そのように罰則項を求めて、罰則項の値が最も小さかったときの決定木を、「deepcopy」でコピーして保存します。

先ほどの「# ここで罰則項を計算する」という部分に、次の内容を作成します。

**SOURCE CODE** | xgradientboost.pyのコード

```
loss = np.hstack( scores ).mean() # すべてのデータのスコアの平均
# 罰則項の計算
s = [ t.mean() ** 2 for t in scores ]  # 葉毎の誤差の二乗
s1 = self.ganma * len( s ) # 葉の数＝決定木の複雑さ
s2 = self.lambda_l1 * np.mean( s ) # L1項
s3 = self.lambda_l2 * np.std( s ) # L2項
# 検証スコア＋罰則項
score = loss + s1 + s2 + s3
if score < min_score:
  min_score = score
  fin_tree = deepcopy( tree )
```

◆学習の実装

学習のための「fit」関数は、先ほどの「GradientBoost」クラスとほぼ同じですが、MomentumSGDに対応するため、勾配の計算のところで運動量の項が追加されています。

また、ここでは、正則化項の計算に使用する検証用データセットを別に引数で指定できるようにしています。検証用データセットが明示的に与えられなかった場合は、学習用データを検証用に使用します。

そうして完成する「fit」関数は、次のようになります。

**SOURCE CODE** | xgradientboost.pyのコード

```
def fit( self, x, y, x_val=None, y_val=None ):
  # 検証用データセット
  if x_val is None or y_val is None:
    x_val = x
    y_val = y
  # ブースティングで使用する変数
  self.trees = []  # 各機械学習モデルの配列
  self.feats = []  # 各機械学習モデルで使用する次元
```

■ SECTION-025 ■ 勾配ブースティングの改良

```python
# 初回の学習
tree = self.fit_one( x, y, x_val, y_val, np.zeros( y_val.shape ) )
cur_data = tree.predict( x )
cur_data_val = tree.predict( x_val )
# 勾配を作成する
cur_grad = self.eta * ( y - cur_data )
delta_grad = np.zeros( y.shape )
# 学習したモデルを追加
self.trees.append( tree )
self.feats.append( np.arange( x.shape[1] ) )
# ブースティング
for i in range( self.boost - 1 ):
  # バギング
  train_x = x
  train_y = cur_grad
  if self.feat_frac < 1.0:
    # 説明変数内の次元から、ランダムに使用する次元を選択する
    features = int( round( x.shape[1] * self.feat_frac ) )
    index = random.sample( range( x.shape[1] ), features )
    train_x = x[ :,index ]
    self.feats.append( index )
  else:
    self.feats.append( np.arange( x.shape[1] ) )
  if self.bag_frac < 1.0:
    # 説明変数から、ランダムに選択する
    baggings = int( round( x.shape[0] * self.bag_frac ) )
    index = random.sample( range( x.shape[0] ), baggings )
    train_x = train_x[ index ]
    train_y = train_y[ index ]
  # 勾配を目的変数にして学習する
  tree = self.fit_one( train_x, train_y, x_val, y_val, cur_data_val )
  # 一度、学習データに対して実行する
  cur_data += tree.predict( x )
  cur_data_val += tree.predict( x_val )
  # 勾配を更新する
  if self.optimizer == 'sgd':
    cur_grad = self.eta * ( y - cur_data )
  elif self.optimizer == 'momentum':
    bef_grad = cur_grad.copy()
    cur_grad = self.eta * ( y - cur_data ) + self.alpha * delta_grad
    delta_grad = cur_grad - bef_grad
  # 学習したモデルを追加
  self.trees.append( tree )
  # 勾配がなくなったら終了
  if np.all( cur_grad == 0 ):
    break
```

■ SECTION-025 ■ 勾配ブースティングの改良

　勾配ブースティングの実行を行う「predict」関数は、親クラスの「GradientBoost」クラスから引き継いで使用できるので、作成する必要はありません。

◆ 最終的なコード

　そして、プログラムとして勾配ブースティングを実行するためのコードを追加し、「xgradientboost.py」が完成します。完成した「xgradientboost.py」は、次のようになります。

SOURCE CODE ‖ xgradientboost.pyのコード

```python
import numpy as np
import random
import support
import entropy
from copy import deepcopy
from zeror import ZeroRule
from linear import Linear
from pruning import PrunedTree, getscore, criticalscore
from gradientboost import GradientBoost

class ScoringTree( PrunedTree ):
    def __init__( self, scoring='mse', max_depth=5, metric=entropy.gini,
                leaf=ZeroRule, critical=1.0, depth=1 ):
        super().__init__( max_depth=max_depth, metric=metric, leaf=leaf,
                        critical=critical, depth=depth )
        self.scoring = scoring   # mse or acc

    def get_node( self ):
        # 新しくノードを作成する
        return ScoringTree( max_depth=self.max_depth, metric=self.metric, leaf=self.leaf,
            critical=self.critical, depth=self.depth + 1 )

    def get_validation( self, y_pred, y_true ):
        # 正解データとの差をスコアにする関数
        s = np.array( [] )
        if self.scoring == 'mse':
            s = ( y_pred - y_true ) ** 2   # 二乗誤差
        elif self.scoring == 'acc':
            # 値が小さいほど良いので不一致の数(1-accuracy)
            s = ( y_pred.argmax( axis=1 ) != y_true.argmax( axis=1 ) ).astype( np.float32 )
        return s.reshape((-1,))

    def leaf_validations( self, x, y, bef_pred, scores ):
        # 説明変数から分割した左右のインデックスを取得
        feat = x[ :,self.feat_index ]
        val = self.feat_val
        l, r = self.make_split( feat, val )
        # 左右を実行して結果を作成する
        if self.left is not None and len( l ) > 0:
```

▼

215

■ SECTION-025 ■ 勾配ブースティングの改良

```python
        if isinstance( self.left, ScoringTree ):
            # 枝なら再帰
            self.left.leaf_validations( x[ l ], y[ l ], bef_pred[ l ], scores )
        else:
            # 葉ならスコアを作成
            z = bef_pred[ l ] + self.left.predict( x[ l ] )
            s = self.get_validation( z, y[ l ] )
            scores.append( s )
    if self.right is not None and len( r ) > 0:
        if isinstance( self.right, ScoringTree ):
            # 枝なら再帰
            self.right.leaf_validations( x[ r ], y[ r ], bef_pred[ r ], scores )
        else:
            # 葉ならスコアを作成
            z = bef_pred[ r ] + self.right.predict( x[ r ] )
            s = self.get_validation( z, y[ r ] )
            scores.append( s )

def get_validations( self, x, y, bef_pred ):
    scores = []
    self.leaf_validations( x, y, bef_pred, scores )
    return scores


class XGradientBoost( GradientBoost ):
    def __init__( self, boost=5, ganma=0.001, lambda_l1=0.01, lambda_l2=0.001,
                  optimizer='momentum', eta=0.15, alpha=0.9,
                  bag_frac=0.8, feat_frac=1.0, tree_params={} ):
        super().__init__( boost=boost, eta=eta, bag_frac=bag_frac, feat_frac=feat_frac,
                          tree_params=tree_params )
        self.optimizer = optimizer
        self.ganma = ganma
        self.lambda_l1 = lambda_l1
        self.lambda_l2 = lambda_l2
        self.alpha = alpha

    def fit_one( self, x, y, x_val, y_val, bef_pred_val ):
        # 決定木を1回、学習させて返す
        min_score = np.inf
        # プルーニングなしの状態で学習させる
        self.tree_params[ 'critical' ] = 1.0
        tree = ScoringTree( **self.tree_params )
        tree.fit( x, y )
        fin_tree = deepcopy( tree )
        # 'critical'プルーニング用の枝のスコア
        score = []
        getscore( tree, score ) # あらかじめすべての枝のスコアを求めておく
        if len( score ) > 0:
```

■SECTION-025 ■ 勾配ブースティングの改良

```python
    # 正則化を行う
    for score_max in sorted( score )[::-1]:
      if score_max <= 0:
        break
      # 枝を1つずつプルーニングしていく
      criticalscore( tree, score_max )
      # 葉を学習させる
      tree.fit_leaf( x, y )
      # 葉における正解データとの差のスコアを列挙する
      scores = tree.get_validations( x_val, y_val, bef_pred_val )
      loss = np.hstack( scores ).mean()  # すべてのデータのスコアの平均
      # 罰則項の計算
      s = [ t.mean() ** 2 for t in scores ]  # 葉毎の誤差の二乗
      s1 = self.ganma * len( s ) # 葉の数＝決定木の複雑さ
      s2 = self.lambda_l1 * np.mean( s ) # L1項
      s3 = self.lambda_l2 * np.std( s ) # L2項
      # 検証スコア＋罰則項
      score = loss + s1 + s2 + s3
      if score < min_score:
        min_score = score
        fin_tree = deepcopy( tree )
    # 最も良かった状態の決定木を返す
    return fin_tree

  def fit( self, x, y, x_val=None, y_val=None ):
    # 検証用データセット
    if x_val is None or y_val is None:
      x_val = x
      y_val = y
    # ブースティングで使用する変数
    self.trees = []   # 各機械学習モデルの配列
    self.feats = []   # 各機械学習モデルで使用する次元
    # 初回の学習
    tree = self.fit_one( x, y, x_val, y_val, np.zeros( y_val.shape ) )
    cur_data = tree.predict( x )
    cur_data_val = tree.predict( x_val )
    # 勾配を作成する
    cur_grad = self.eta * ( y - cur_data )
    delta_grad = np.zeros( y.shape )
    # 学習したモデルを追加
    self.trees.append( tree )
    self.feats.append( np.arange( x.shape[1] ) )
    # ブースティング
    for i in range( self.boost - 1 ):
      # バギング
      train_x = x
      train_y = cur_grad
```

■ SECTION-025 ■ 勾配ブースティングの改良

```python
        if self.feat_frac < 1.0:
            # 説明変数内の次元から、ランダムに使用する次元を選択する
            features = int( round( x.shape[1] * self.feat_frac ) )
            index = random.sample( range( x.shape[1] ), features )
            train_x = x[ :,index ]
            self.feats.append( index )
        else:
            self.feats.append( np.arange( x.shape[1] ) )
        if self.bag_frac < 1.0:
            # 説明変数から、ランダムに選択する
            baggings = int( round( x.shape[0] * self.bag_frac ) )
            index = random.sample( range( x.shape[0] ), baggings )
            train_x = train_x[ index ]
            train_y = train_y[ index ]
        # 勾配を目的変数にして学習する
        tree = self.fit_one( train_x, train_y, x_val, y_val, cur_data_val )
        # 一度、学習データに対して実行する
        cur_data += tree.predict( x )
        cur_data_val += tree.predict( x_val )
        # 勾配を更新する
        if self.optimizer == 'sgd':
            cur_grad = self.eta * ( y - cur_data )
        elif self.optimizer == 'momentum':
            bef_grad = cur_grad.copy()
            cur_grad = self.eta * ( y - cur_data ) + self.alpha * delta_grad
            delta_grad = cur_grad - bef_grad
        # 学習したモデルを追加
        self.trees.append( tree )
        # 勾配がなくなったら終了
        if np.all( cur_grad == 0 ):
            break


if __name__ == '__main__':
    random.seed( 1 )
    import pandas as pd
    ps = support.get_base_args()
    ps.add_argument( '--boost', '-b', type=int, default=5, help='Num of Boost' )
    ps.add_argument( '--eta', '-l', type=float, default=0.15, help='Learning Ratio' )
    ps.add_argument( '--alpha', '-p', type=float, default=0.9, help='Alpha of Momentum SGD' )
    ps.add_argument( '--bagging_fraction', '-a', type=float, default=0.8, help='Bagging Fraction' )
    ps.add_argument( '--feature_fraction', '-f', type=float, default=1.0, help='Feature Fraction' )
    ps.add_argument( '--ganma', '-g', type=float, default=0.001, help='Regularization Ganma' )
    ps.add_argument( '--lambda_l1', '-1', type=float, default=0.01,
                     help='Regularization L1 Lambda' )
    ps.add_argument( '--lambda_l2', '-2', type=float, default=0.001,
                     help='Regularization L2 Lambda' ))
```

■SECTION-025 ■ 勾配ブースティングの改良

```python
ps.add_argument( '--optimizer', '-o', default='momentum', help='Optimizer Function' )
ps.add_argument( '--depth', '-d', type=int, default=5, help='Max Tree Depth' )
args = ps.parse_args()

df = pd.read_csv( args.input, sep=args.separator, header=args.header, index_col=args.indexcol )
x = df[ df.columns[ :-1 ] ].values

if not args.regression:
    y, clz = support.clz_to_prob( df[ df.columns[ -1 ] ] )
    plf = XGradientBoost( boost=args.boost, eta=args.eta, alpha=args.alpha,
                optimizer=args.optimizer, bag_frac=args.bagging_fraction,
                feat_frac=args.feature_fraction,
                tree_params={ 'max_depth':args.depth,
                        'metric':entropy.gini,
                        'leaf':ZeroRule,
                        'scoring':'acc' } )
    support.report_classifier( plf, x, y, clz, args.crossvalidate )
else:
    y = df[ df.columns[ -1 ] ].values.reshape( ( -1, 1 ) )
    plf = XGradientBoost( boost=args.boost, eta=args.eta, alpha=args.alpha,
                optimizer=args.optimizer, bag_frac=args.bagging_fraction,
                feat_frac=args.feature_fraction,
                tree_params={ 'max_depth':args.depth,
                        'metric':entropy.deviation,
                        'leaf':Linear,
                        'scoring':'mse' } )
    support.report_regressor( plf, x, y, args.crossvalidate )
```

## ◆改良勾配ブースティングの学習と実行

以上で「xgradientboost.py」が完成したので、前章と同じようにCHAPTER 01でダウンロードした検証用のデータセットに対して実行します。

| target | function | 改良勾配ブースティング | | |
|---|---|---|---|---|
| | ブースティング回数 | 5 | 10 | 20 |
| iris | F1Score | 0.94076 | 0.94076 | 0.94076 |
| | Accuracy | 0.94000 | 0.94000 | 0.94000 |
| sonar | F1Score | 0.78578 | 0.78578 | 0.77589 |
| | Accuracy | 0.78365 | 0.78365 | 0.77404 |
| glass | F1Score | 0.66014 | 0.67216 | 0.68670 |
| | Accuracy | 0.66355 | 0.67757 | 0.69159 |
| airfoil | R2Score | 0.77071 | 0.79052 | 0.81252 |
| | MeanSquared | 10.844 | 9.8982 | 8.8275 |
| winequality-red | R2Score | 0.32613 | 0.32894 | 0.33287 |
| | MeanSquared | 0.43226 | 0.43069 | 0.42807 |
| winequality-white | R2Score | 0.32419 | 0.33164 | 0.33872 |
| | MeanSquared | 0.52889 | 0.52309 | 0.51760 |

219

■ SECTION-025 ■ 勾配ブースティングの改良

　結果は、いくつかのデータセットで先ほどの勾配ブースティングよりもスコアが向上しています。また、それ以外のデータセットについても、パラメーターのチューニングでスコアを向上させる余地があります。正則化項の働きはさらに多くの回数ブースティングを行わないと顕著にはなりませんが、MomentumSGDの学習率については、できる限り箇々のデータセットに対して最適化する必要があります。

　改良勾配ブースティングにおいては、アルゴリズムのパラメーターが多くあるので、パラメーターのチューニングが重要になることがわかります。

# CHAPTER 10
## その他のアンサンブル手法

## SECTION-026

# モデル選択法

### ◉ バケットモデル

これまでの章では、さまざまなアンサンブル学習のアルゴリズムを紹介してきました。また、それらのアルゴリズム1つひとつについても、学習のためのパラメーターが存在しており、パラメーターの設定次第で異なる結果をもたらします。

しかし、そうすると、実際にどのアルゴリズムを使用すればよいのか選択する必要があります。

また、複数のアルゴリズムを組み合わせて使用する、いわば「アンサンブル学習のアンサンブル」といった手法も考えられます。

この章では、複数のアンサンブル学習アルゴリズムが利用できる場合に、アルゴリズムを選択する、または組み合わせて使用するためのアルゴリズムを紹介します。

### ◆ 交差検証による選択

複数の機械学習アルゴリズムが利用できる際に、そうしたアルゴリズムのモデルをすべて揃えて、それらの中から利用するものを選択する手法を、**バケットモデル**と呼びます。

利用するモデルを選択するための、最も直接的な方法は、1つひとつのモデルについて交差検証を行い、最も良いスコアとなったモデルを使用するというものです。バケットモデルの名前の通り、機械学習モデルの入ったバケツの中から最も良いモデルを選択するわけです。

まずは「modelselect.py」という名前のファイルを作成し、「CVSelect」というクラスを作成します。

クラスの中には、機械学習モデルの入るバケツである「self.clf」に、利用する機械学習アルゴリズムのクラスを列挙します。ここではランダムフォレスト、改良AdaBoost、勾配ブースティングの3つのアルゴリズムを利用するようにしました。

利用するアルゴリズムはクラス分類と回帰とで分けて作成します。また、ここではパラメーターでのバリエーションは作成せず、3つのアルゴリズムから3つのモデルを作成しています。

### SOURCE CODE ‖ modelselect.pyのコード

```python
import numpy as np
import support
import random
import entropy
from dstump import DecisionStump
from zeror import ZeroRule
from linear import Linear
from bagging import Bagging
from randomforest import RandomTree
from adaboost_m1 import AdaBoostM1
from adaboost_r2 import AdaBoostR2
from gradientboost import GradientBoost
```

■ SECTION-026 ■ モデル選択法

▼

```python
class CVSelect:
  def __init__( self, isregression, max_depth=5, n_trees=5 ):
    self.isregression = isregression
    self.selected = None
    # モデルのリストを作成
    if isregression:
      # 回帰用モデル
      self.clf = [
        Bagging( n_trees=n_trees, ratio=1.0, tree=RandomTree,
          tree_params={ 'max_depth':max_depth, 'metric':entropy.deviation, 'leaf':Linear } ),
        AdaBoostR2( max_depth=max_depth, boost=n_trees ),
        GradientBoost( boost=n_trees, bag_frac=0.8, feat_frac=1.0,
          tree_params={ 'max_depth':max_depth, 'metric':entropy.deviation, 'leaf':Linear } )
      ]
    else:
      # クラス分類用モデル
      self.clf = [
        Bagging( n_trees=n_trees, ratio=1.0, tree=RandomTree,
          tree_params={ 'max_depth':max_depth, 'metric':entropy.gini, 'leaf':ZeroRule } ),
        AdaBoostM1( max_depth=max_depth, boost=n_trees ),
        GradientBoost( boost=n_trees, bag_frac=0.8, feat_frac=1.0,
          tree_params={ 'max_depth':max_depth, 'metric':entropy.gini, 'leaf':ZeroRule } )
      ]
```

◆評価関数の作成

次に、機械学習アルゴリズムの評価を行う「metric」関数を作成します。この関数は、与えられた値と正解の値との差からなるスコアの配列を返します。スコアは、回帰の場合は二乗誤差、クラス分類の場合は不正解率で、共に値の小さい方が良いスコアとなります。

**SOURCE CODE** | modelselect.pyのコード

```python
def metric( self, y_pred, y_true ):
  # 正解データとの差をスコアにする関数
  s = np.array( [] )
  if self.isregression:  # 回帰
    s = ( y_pred - y_true ) ** 2  # 二乗誤差
  else:  # クラス分類
    # 値が小さいほど良いので不一致の数(1 - accuracy)
    s = ( y_pred.argmax( axis=1 ) != y_true.argmax( axis=1 ) ).astype( np.float32 )
  return s.mean()  # 平均値を返す
```

次に、交差検証を行うための「cv」関数を作成します。この関数は、後から再利用したいので、汎用性を持つように作成しました。

すべての機械学習アルゴリズムについて交差検証のための分割を行い、その実行結果と、正解の値、それにテストデータのインデックスを含んだ配列を返します。

223

■ SECTION-026 ■ モデル選択法

## SOURCE CODE || modelselect.pyのコード

```python
def cv( self, x, y ):
    # 交差検証による選択
    n_fold = 5  # 交差検証の数
    predicts = []
    # シャッフルしたインデックスを交差検証の数に分割する
    perm_indexs = np.random.permutation( x.shape[0] )
    indexs = np.array_split( perm_indexs, n_fold )
    # 交差検証を行う
    for i in range( n_fold ):
        # 学習用データを分割する
        ti = list( range( n_fold ) )
        ti.remove( i )
        train = np.hstack( [ indexs[ t ] for t in ti ] )
        test = indexs[ i ]
        # すべてのモデルを検証する
        for j in range( len( self.clf ) ):
            # 一度分割したデータで学習
            self.clf[ j ].fit( x[ train ], y[ train ] )
            # 一度実行してスコアを作成
            z = self.clf[ j ].predict( x[ test ] )
            predicts.append( ( z, y[ test ], test ) )
    return predicts
```

### ◆最適モデルの学習と実行

実際に学習を行い、最適なモデルを選択する処理は「fit」関数に作成します。先ほど作成した「self.cv」関数で交差検証の実行結果を取得し、「self.metric」関数を呼び出すことでスコアを作成します。

そして、最も良いスコアとなった機械学習モデルを、「self.selected」変数に格納した後、最後にすべてのデータを使用して学習させます。

## SOURCE CODE || modelselect.pyのコード

```python
def fit( self, x, y ):
    # 交差検証を行う
    scores = np.zeros( ( len( self.clf ), ) )
    predicts = self.cv( x, y )
    n_fold = len( predicts ) // len( self.clf )
    # 交差検証の結果を取得
    for i in range( n_fold ):
        for j in range( len( self.clf ) ):
            p = predicts.pop( 0 )
            scores[ j ] += self.metric( p[ 0 ], p[ 1 ] )
    # 最終的に最も良いモデルを選択
    self.selected = self.clf[ np.argmin( scores ) ]
```

224

```
# 最も良いモデルにすべてのデータを学習させる
self.selected.fit( x, y )
return self
```

モデルの実行と文字列表現の作成は、「fit」関数で選択された「self.selected」のものをそのまま実行するだけとなります。

**SOURCE CODE** | modelselect.pyのコード

```
def predict( self, x ):
    # 選択されたモデルを実行
    return self.selected.predict( x )

def __str__( self ):
    return str( self.selected )
```

## ゲーティング

**ゲーティング**とは、バケットモデルの一般化手法で、最適なモデルを選択する代わりに、すべてのモデルに対して重みを与え、それらの合算を出力します。

このようにいくつかのデータに重みを与え、その後、合算した出力を得る処理は、パーセプトロンと呼ばれるモデルで作成できます。

●パーセプトロン

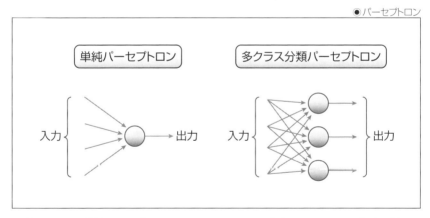

単層からなる単純パーセプトロンは、CHAPTER 03で作成したSGDによる線形回帰モデルそのものなので、ここではCHAPTER 03で作成した「Linear」クラスをパーセプトロンとして使用して、ゲーティングモデルを作成します。

◆ 学習の実装

まずは先ほどと同じ「modelselect.py」に、「CVSelect」クラスの派生クラスとして「GatingSelect」クラスを作成します。使用する機械学習アルゴリズムのモデルは、「CVSelect」から継承して利用します。つまり、「CVSelect」クラスと同じ機械学習アルゴリズムのゲーティングを行います。

■SECTION-026■ モデル選択法

```
SOURCE CODE    modelselect.pyのコード

class GatingSelect( CVSelect ):
  def __init__( self, isregression, max_depth=5, n_trees=5 ):
    super().__init__( isregression=isregression, max_depth=max_depth, n_trees=n_trees )
    self.perceptron = None
```

学習の際には、まずは先ほどと同じように「self.cv」関数で交差検証の結果を取得します。そして、すべての実行結果を整形して「sp_data」変数に保存します。

そうすると、「sp_data」変数には、交差検証の際のテストデータに対する出力の、それぞれの機械学習モデルからの出力が入ることになります。

交差検証では、学習側のデータとテストデータは別になるので、「sp_data」変数の内容は目的変数である「y」とは異なるものになりますし、学習させたデータに対する出力は含まれないことになります。

```
SOURCE CODE    modelselect.pyのコード

def fit( self, x, y ):
  # 交差検証を行う
  predicts = self.cv( x, y )
  n_fold = len( predicts ) // len( self.clf )
  sp_data = np.zeros( ( x.shape[0], y.shape[1], len( self.clf ) ) )
  for i in range( n_fold ):
    for j in range( len( self.clf ) ):
      # テスト用データに対する結果を整形しておく
      p = predicts.pop( 0 )
      sp_data[ p[ 2 ],:,j ] = p[ 0 ]
```

次に、「sp_data」変数を学習データとしてパーセプトロンを学習させます。パーセプトロンは「self.perceptron」変数に格納しますが、クラス分類においては複数の線形回帰モデルが必要なので、「self.perceptron」変数はリストとなり、リスト内に「Linear」クラスが入ることになります。

```
SOURCE CODE    modelselect.pyのコード

# パーセプトロンを学習させる
self.perceptron = []
for k in range( y.shape[1] ):
  px = sp_data[ :,k,: ]
  py = y[ :,k ]
  ln = Linear()
  ln.fit( px, py)
  self.perceptron.append( ln )
```

そして最後に、すべてのモデルに対してすべてのデータを学習させます。

**■ SECTION-026 ■ モデル選択法**

---

**SOURCE CODE** | modelselect.pyのコード

```
# すべてのモデルにすべてのデータを学習させる
for j in range( len( self.clf ) ):
  self.clf[ j ].fit( x, y )
return self
```

#### ◆ 実行の実装

　ゲーティングの実行は、すべてのモデルの実行結果を取得して、学習時と同じように整形した後、パーセプトロンを実行してその出力を作成します。

**SOURCE CODE** | modelselect.pyのコード

```
def predict( self, x ):
  # すべてのモデルを実行する
  sp_data = np.zeros( ( x.shape[0], len( self.perceptron ), len( self.clf ) ) )
  for j in range( len( self.clf ) ):
    sp_data[ :,:,j ] = self.clf[ j ].predict( x )
  # それぞれのモデルの出力をパーセプトロンで合算する
  result = np.zeros( ( x.shape[0], len( self.perceptron ) ) )
  for k in range( len( self.perceptron ) ):
    px = sp_data[ :,k,: ]
    result[ :,k ] = self.perceptron[ k ].predict( px ).reshape( ( -1, ) )
  # 結果を返す
  return result
```

　ゲーティングモデルの文字列表現は、パーセプトロンの内容を出力するようにしました。

**SOURCE CODE** | modelselect.pyのコード

```
def __str__( self ):
  return '\n'.join( [ str( p ) for p in self.perceptron ] )
```

### ◉ 情報量規準による選択

　以上で主なバケットモデルについて紹介しましたが、ここではもう1つ、代表的なモデル選択法の1つである**ベイジアン情報量基準による選択法（BIC）**も紹介しておきます。

#### ◆ ベイジアン情報量基準による選択

　ベイジアン情報量とは、通常は線形回帰モデルにおいて計算される、モデルが含んでいる情報量のことです。つまり、機械学習モデルの良し悪しを、モデルの出力結果からではなく、モデルそのものの評価から判断する、というのがベイジアン情報量基準による選択法のアイデアとなります。

　$I_i$をモデルiにおける尤度関数の出力値とし、$\kappa_i$をモデル内に含まれる自由変数の数、nを学習データの個数とすると、モデルiに対するベイジアン情報量$BIC_i$は、次の式で計算されます。

$$BIC_i = -2 \cdot \log(I_i) + \kappa_i \cdot \log(n)$$

$I_i$：モデルiにおける最大尤度

■ SECTION-026 ■ モデル選択法

　数学的には、ベイジアン情報量は、単純な線形回帰モデルにおいてのみ定性化されており、決定木などの機械学習モデルに対しては計算されていません。

　しかし、厳密に数式で証明はされていなくても、同じアイデアに基づいて、擬似的に機械学習モデルのベイジアン情報量を推定し比較することはできます。

　まず、誤差の値がガウス分布を取るという前提を導入すれば、モデルにおける尤度関数を実装するかわりに、モデルにおける正解の値との誤差を使用し、式を変形することができます。

$$
\iota_i = \begin{cases} \dfrac{1}{n}\sum_m (y_{mi} - h_{mi})^2 & if : 回帰 \\ 1 - ACC(y_i, h_i) & if : クラス分類 \end{cases}
$$

$$
BIC_i = n \cdot \log(\iota_i) + \kappa_i \cdot \log(n)
$$

　誤差は回帰モデルにおいては二乗平均誤差が使用されますが、クラス分類においても不正解率を使用することで同様に計算を行います。

　また、モデル内に含まれる自由変数の数$\kappa i$は、要するにCHAPTER 09で紹介した正則化のことで、モデルの複雑さに対する罰則項になるわけですから、ここではモデル内に含まれる決定木の葉の総数を使用することにします。

　決定木の葉の数はプルーニングによって変更されますし、ブースティングアルゴリズムにおいてはブースティングの早期終了によって決定木の数自体が少なくなることもあるため、同じ深さの決定木からなるモデルであっても、葉の総数は異なるものになります。

◆ 自由変数の数を数える

　まずは先ほどと同じ「modelselect.py」に、「BICSelect」クラスを作成します。ここでも親クラスを「CVSelect」クラスとし、その派生クラスとして作成します。また、利用する機械学習アルゴリズムについても、先ほどと同様に「CVSelect」クラスから継承します。

**SOURCE CODE** modelselect.pyのコード

```
class BICSelect( CVSelect ):
    def __init__( self, isregression, max_depth=5, n_trees=5 ):
        super().__init__( isregression=isregression, max_depth=max_depth, n_trees=n_trees )
```

　ここではベイジアン情報量で使用するモデル内の自由変数の数を、決定木の葉の総数としたので、決定木の葉の数を数える関数を作成します。

　それにはまず、決定木の葉を数える「count_treeleaf」関数を作成します。この関数の中では、再帰的に「count_leaf」関数を呼び出し、葉に遭遇すればその個数を「leaf_nums」リストに追加していきます。

　そして最後に遭遇した葉の個数を合算して返すことで、決定木の葉の総数を得ます。

■ SECTION-026 ■ モデル選択法

**SOURCE CODE** | modelselect.pyのコード

```python
def count_treeleaf( self, tree ):
  # 決定木に含まれている葉の数を数える
  def count_leaf( node, leaf_nums ):
    m = 0
    if node.left is not None:
      if isinstance( node.left, DecisionStump ):
        count_leaf( node.left, leaf_nums )
      else:
        m += 1
    if node.right is not None:
      if isinstance( node.right, DecisionStump ):
        count_leaf( node.right, leaf_nums )
      else:
        m += 1
    leaf_nums.append( m )
  p = []  # すべての葉の数が含まれる
  count_leaf( tree, p )  # 再帰で葉をカウントする
  return np.sum( p )  # 合算して葉の数を返す
```

「count_treeleaf」関数は決定木1つについて動作するので、アンサンブル学習アルゴリズムに含まれる決定木すべての葉の数を数えるには、別の関数を作成します。

それには下記のように、「get_totalleaf」関数を作成します。本書でこれまで作成してきたアンサンブル学習アルゴリズムでは、「trees」という変数にモデル内の決定木を保存していたので、「trees」から1つずつ決定木を取り出して葉の総数を計算します。

**SOURCE CODE** | modelselect.pyのコード

```python
def get_totalleaf( self ):
  # アンサンブルしたモデル内の決定木すべての葉の数を数える
  n = 0
  for j in range( len( self.clf ) ):
    for t in self.clf[j].trees:
      n += self.count_treeleaf( t )
  return n
```

◆ 学習の実装

　学習を行うための「fit」関数は、「CVSelect」クラスのものとほぼ同じですが、独立変数の数を罰則項とした情報量をもとに、利用するモデルを選択しています。

　注意点としては、「self.metric」関数の返すスコアが0になると、その対数が計算できないので、ごく小さな値（1e-9）を加えてから対数を計算しています。

229

■ SECTION-026 ■ モデル選択法

**SOURCE CODE** | modelselect.pyのコード

```python
def fit( self, x, y ):
    # 交差検証を行う
    scores = np.zeros( ( len( self.clf ), ) )
    predicts = self.cv( x, y )
    n_fold = len( predicts ) // len( self.clf )
    # 交差検証の結果を取得
    for i in range( n_fold ):
        for j in range( len( self.clf ) ):
            # 評価スコアを尤度関数の代わりに使用する
            p = predicts.pop( 0 )
            score = self.metric( p[ 0 ], p[ 1 ] )
            # 独立変数の数として葉の総数を使用する
            n_leafs = self.get_totalleaf()
            # 罰則項を加えたスコアで計算
            scores[ j ] += x.shape[ 0 ] * np.log( score + 1e-9 ) + n_leafs * np.log( x.shape[ 0 ] )
    # 最終的に最も良いモデルを選択
    self.selected = self.clf[ np.argmin( scores ) ]
    # 最も良いモデルにすべてのデータを学習させる
    self.selected.fit( x, y )
    return self
```

　実行を行うための「predict」関数と、文字列表現を得る「__str__」関数は親クラスから継承されるので、改めて実装する必要はありません。

◆ 最終的なコード

　そして、「modelselect.py」をプログラムとして実行するためのコードも実装します。ここではプログラムのパラメーター引数から、利用するモデル選択法のアルゴリズムを選択できるようにしました。

**SOURCE CODE** | modelselect.pyのコード

```python
if __name__ == '__main__':
    random.seed( 1 )
    np.random.seed( 1 )
    import pandas as pd
    ps = support.get_base_args()
    ps.add_argument( '--trees', '-t', type=int, default=5, help='Num of Tree' )
    ps.add_argument( '--depth', '-d', type=int, default=5, help='Max Tree Depth' )
    ps.add_argument( '--method', '-m', default='cv', help='Use Method (cv / gating / bic)' )
    args = ps.parse_args()

    df = pd.read_csv( args.input, sep=args.separator, header=args.header, index_col=args.indexcol )
    x = df[ df.columns[ :-1 ] ].values

    if args.method == 'cv':
        plf = CVSelect( isregression=args.regression )
```

▼

■ SECTION-026 ■ モデル選択法

```
elif args.method == 'gating':
  plf = GatingSelect( isregression=args.regression )
elif args.method == 'bic':
  plf = BICSelect( isregression=args.regression )

if not args.regression:
  y, clz = support.clz_to_prob( df[ df.columns[ -1 ] ] )
  support.report_classifier( plf, x, y, clz, args.crossvalidate )
else:
  y = df[ df.columns[ -1 ] ].values.reshape( ( -1, 1 ) )
  support.report_regressor( plf, x, y, args.crossvalidate )
```

　以上の内容をつなげると、モデル選択法を使用して異なるアンサンブル学習アルゴリズムの選択を行うコードが完成します。最終的な「modelselect.py」のコードは次のようになります。

**SOURCE CODE** ‖ modelselect.pyのコード

```python
import numpy as np
import support
import random
import entropy
from dstump import DecisionStump
from zeror import ZeroRule
from linear import Linear
from bagging import Bagging
from randomforest import RandomTree
from adaboost_m1 import AdaBoostM1
from adaboost_r2 import AdaBoostR2
from gradientboost import GradientBoost

class CVSelect:
  def __init__( self, isregression, max_depth=5, n_trees=5 ):
    self.isregression = isregression
    self.selected = None
    # モデルのリストを作成
    if isregression:
      # 回帰用モデル
      self.clf = [
        Bagging( n_trees=n_trees, ratio=1.0, tree=RandomTree,
          tree_params={ 'max_depth':max_depth, 'metric':entropy.deviation, 'leaf':Linear } ),
        AdaBoostR2( max_depth=max_depth, boost=n_trees ),
        GradientBoost( boost=n_trees, bag_frac=0.8, feat_frac=1.0,
          tree_params={ 'max_depth':max_depth, 'metric':entropy.deviation, 'leaf':Linear } )
      ]
    else:
```

231

■ SECTION-026 ■ モデル選択法

```python
    # クラス分類用モデル
    self.clf = [
        Bagging( n_trees=n_trees, ratio=1.0, tree=RandomTree,
            tree_params={ 'max_depth':max_depth, 'metric':entropy.gini, 'leaf':ZeroRule } ),
        AdaBoostM1( max_depth=max_depth, boost=n_trees ),
        GradientBoost( boost=n_trees, bag_frac=0.8, feat_frac=1.0,
            tree_params={ 'max_depth':max_depth, 'metric':entropy.gini, 'leaf':ZeroRule } )
        ]


def metric( self, y_pred, y_true ):
    # 正解データとの差をスコアにする関数
    s = np.array( [] )
    if self.isregression:  # 回帰
        s = ( y_pred - y_true ) ** 2  # 二乗誤差
    else:  # クラス分類
        # 値が小さいほど良いので不一致の数(1－accuracy)
        s = ( y_pred.argmax( axis=1 ) != y_true.argmax( axis=1 ) ).astype( np.float32 )
    return s.mean()  # 平均値を返す


def cv( self, x, y ):
    # 交差検証による選択
    n_fold = 5  # 交差検証の数
    predicts = []
    # シャッフルしたインデックスを交差検証の数に分割する
    perm_indexs = np.random.permutation( x.shape[0] )
    indexs = np.array_split( perm_indexs, n_fold )
    # 交差検証を行う
    for i in range( n_fold ):
        # 学習用データを分割する
        ti = list( range( n_fold ) )
        ti.remove( i )
        train = np.hstack( [ indexs[ t ] for t in ti ] )
        test = indexs[ i ]
        # すべてのモデルを検証する
        for j in range( len( self.clf ) ):
            # 一度分割したデータで学習
            self.clf[ j ].fit( x[ train ], y[ train ] )
            # 一度実行してスコアを作成
            z = self.clf[ j ].predict( x[ test ] )
            predicts.append( ( z, y[ test ], test ) )
    return predicts


def fit( self, x, y ):
    # 交差検証を行う
    scores = np.zeros( ( len( self.clf ), ) )
    predicts = self.cv( x, y )
    n_fold = len( predicts ) // len( self.clf )
```

232

■ SECTION-026 ■ モデル選択法

```python
        # 交差検証の結果を取得
        for i in range( n_fold ):
            for j in range( len( self.clf ) ):
                p = predicts.pop( 0 )
                scores[ j ] += self.metric( p[ 0 ], p[ 1 ] )
        # 最終的に最も良いモデルを選択
        self.selected = self.clf[ np.argmin( scores ) ]
        # 最も良いモデルにすべてのデータを学習させる
        self.selected.fit( x, y )
        return self

    def predict( self, x ):
        # 選択されたモデルを実行
        return self.selected.predict( x )

    def __str__( self ):
        return str( self.selected )


class GatingSelect( CVSelect ):
    def __init__( self, isregression, max_depth=5, n_trees=5 ):
        super().__init__( isregression=isregression, max_depth=max_depth, n_trees=n_trees )
        self.perceptron = None

    def fit( self, x, y ):
        # 交差検証を行う
        predicts = self.cv( x, y )
        n_fold = len( predicts ) // len( self.clf )
        sp_data = np.zeros( ( x.shape[0], y.shape[1], len( self.clf ) ) )
        for i in range( n_fold ):
            for j in range( len( self.clf ) ):
                # テスト用データに対する結果を整形しておく
                p = predicts.pop( 0 )
                sp_data[ p[ 2 ],:,j ] = p[ 0 ]
        # パーセプトロンを学習させる
        self.perceptron = []
        for k in range( y.shape[1] ):
            px = sp_data[ :,k,: ]
            py = y[ :,k ]
            ln = Linear()
            ln.fit( px, py )
            self.perceptron.append( ln )
        # すべてのモデルにすべてのデータを学習させる
        for j in range( len( self.clf ) ):
            self.clf[ j ].fit( x, y )
        return self
```

233

■SECTION-026■ モデル選択法

```python
    def predict( self, x ):
        # すべてのモデルを実行する
        sp_data = np.zeros( ( x.shape[0], len( self.perceptron ), len( self.clf ) ) )
        for j in range( len( self.clf ) ):
            sp_data[ :,:,j ] = self.clf[ j ].predict( x )
        # それぞれのモデルの出力をパーセプトロンで合算する
        result = np.zeros( ( x.shape[0], len( self.perceptron ) ) )
        for k in range( len( self.perceptron ) ):
            px = sp_data[ :,k,: ]
            result[ :,k ] = self.perceptron[ k ].predict( px ).reshape( ( -1, ) )
        # 結果を返す
        return result

    def __str__( self ):
        return '\n'.join( [ str( p ) for p in self.perceptron ] )


class BICSelect( CVSelect ):
    def __init__( self, isregression, max_depth=5, n_trees=5 ):
        super().__init__( isregression=isregression, max_depth=max_depth, n_trees=n_trees )

    def count_treeleaf( self, tree ):
        # 決定木に含まれている葉の数を数える
        def count_leaf( node, leaf_nums ):
            m = 0
            if node.left is not None:
                if isinstance( node.left, DecisionStump ):
                    count_leaf( node.left, leaf_nums )
                else:
                    m += 1
            if node.right is not None:
                if isinstance( node.right, DecisionStump ):
                    count_leaf( node.right, leaf_nums )
                else:
                    m += 1
            leaf_nums.append( m )
        p = [] # すべての葉の数が含まれる
        count_leaf( tree, p )   # 再帰で葉をカウントする
        return np.sum( p )   # 合算して葉の数を返す

    def get_totalleaf( self ):
        # アンサンブルしたモデル内の決定木すべての葉の数を数える
        n = 0
        for j in range( len( self.clf ) ):
            for t in self.clf[j].trees:
                n += self.count_treeleaf( t )
        return n
```

234

■ SECTION-026 ■ モデル選択法

```python
def fit( self, x, y ):
    # 交差検証を行う
    scores = np.zeros( ( len( self.clf ), ) )
    predicts = self.cv( x, y )
    n_fold = len( predicts ) // len( self.clf )
    # 交差検証の結果を取得
    for i in range( n_fold ):
        for j in range( len( self.clf ) ):
            # 評価スコアを尤度関数の代わりに使用する
            p = predicts.pop( 0 )
            score = self.metric( p[ 0 ], p[ 1 ] )
            # 独立変数の数として葉の総数を使用する
            n_leafs = self.get_totalleaf()
            # 罰則項を加えたスコアで計算
            scores[ j ] += x.shape[ 0 ] * np.log( score + 1e-9 ) + n_leafs * np.log( x.shape[ 0 ] )
    # 最終的に最も良いモデルを選択
    self.selected = self.clf[ np.argmin( scores ) ]
    # 最も良いモデルにすべてのデータを学習させる
    self.selected.fit( x, y )
    return self


if __name__ == '__main__':
    random.seed( 1 )
    np.random.seed( 1 )
    import pandas as pd
    ps = support.get_base_args()
    ps.add_argument( '--trees', '-t', type=int, default=5, help='Num of Tree' )
    ps.add_argument( '--depth', '-d', type=int, default=5, help='Max Tree Depth' )
    ps.add_argument( '--method', '-m', default='cv', help='Use Method (cv / gating / bic)' )
    args = ps.parse_args()

    df = pd.read_csv( args.input, sep=args.separator, header=args.header, index_col=args.indexcol )
    x = df[ df.columns[ :-1 ] ].values

    if args.method == 'cv':
        plf = CVSelect( isregression=args.regression )
    elif args.method == 'gating':
        plf = GatingSelect( isregression=args.regression )
    elif args.method == 'bic':
        plf = BICSelect( isregression=args.regression )

    if not args.regression:
        y, clz = support.clz_to_prob( df[ df.columns[ -1 ] ] )
        support.report_classifier( plf, x, y, clz, args.crossvalidate )
    else:
```

235

■ SECTION-026 ■ モデル選択法

```
y = df[ df.columns[ -1 ] ].values.reshape( ( -1, 1 ) )
support.report_regressor( plf, x, y, args.crossvalidate )
```

◆ 学習と実行の結果

これまでの章と同じようにCHAPTER 01でダウンロードした検証用のデータセットに対して、モデル選択法を実行します。

| target | function | モデル選択法 | | |
|---|---|---|---|---|
| | | cv | gating | BIC |
| iris | F1Score | 0.96028 | 0.87627 | 0.96028 |
| | Accuracy | 0.96000 | 0.89333 | 0.96000 |
| sonar | F1Score | 0.89061 | 0.82937 | 0.89061 |
| | Accuracy | 0.89423 | 0.83654 | 0.89423 |
| glass | F1Score | 0.71352 | 0.73317 | 0.71352 |
| | Accuracy | 0.75234 | 0.74299 | 0.75234 |
| airfoil | R2Score | 0.79021 | 0.81480 | 0.79021 |
| | MeanSquared | 9.8389 | 8.6906 | 9.8389 |
| winequality-red | R2Score | 0.44626 | 0.44264 | 0.44626 |
| | MeanSquared | 0.35624 | 0.35865 | 0.35624 |
| winequality-white | R2Score | 0.39696 | 0.40264 | 0.39696 |
| | MeanSquared | 0.47155 | 0.46706 | 0.47155 |

結果は上記の表のようになり、クラス分類においてはベイジアン情報量基準による選択が、回帰においてはゲーティングが良い結果をもたらしています。

# SECTION-027

# モデル平均法

## ● スタッキング

先ほどは複数の機械学習モデルの中から、最も良さそうなモデルを選択するための手法を紹介しました。

しかし、せっかくすべてのモデルに対して学習を実行するのであれば、すべてのモデルの出力を利用することで、より良い結果を得ることができないか、というのが**モデル平均法**の基本的なアイデアとなります。

モデル平均法が効果を発揮する理由は、CHAPTER 06のバギングと同じです。つまり、モデルの平均的な出力の精度の期待値は、モデルの精度の平均値の期待値よりも一般的に大きくなるのです。

ただし、1つでも明らかに劣った精度のモデルが含まれていると、モデル平均法はモデル選択法ほど良い結果にはなりません。

### ◆ モデルの出力の平均

**スタッキング**とは最も単純なモデル平均法の手法で、単純にすべてのモデルの出力を平均して最終的な結果とします。スタッキングは、各モデル間で精度にあまり差がない場合、つまり異なるアンサンブル学習アルゴリズムにおいて、同じような精度に結果が収束してしまう場合に効果を発揮します。

クラス分類においてはモデルの出力から多数決を取ることでスタッキングを行いますが、本書ではクラス分類データ形式として、各クラスの確率を使用しているので、それらの確率の平均値を取ることで、スタッキングの実装とします。

まずは、「modelmean.py」という名前のファイルを作成し、「CVSelect」クラスの派生クラスとして「StackingMean」クラスを作成します。ここでも使用する機械学習アルゴリズムについては、「CVSelect」クラスから継承します。

SOURCE CODE || modelmean.pyのコード

```
import numpy as np
import support
import random
import entropy
from dstump import DecisionStump
from linear import Linear
from bagging import Bagging
from randomforest import RandomTree
from adaboost_m1 import AdaBoostM1
from adaboost_r2 import AdaBoostR2
from gradientboost import GradientBoost
from modelselect import CVSelect, BICSelect
```

■ SECTION-027 ■ モデル平均法

▼

```
class StackingMean( CVSelect ):
  def __init__( self, isregression, max_depth=5, n_trees=5 ):
    super().__init__( isregression=isregression, max_depth=max_depth, n_trees=n_trees )
```

スタッキングの実装は、単純な全モデルの平均なので、難しい点はありません。学習と実行
は「StackingMean」クラス内に次のコードを作成します。

SOURCE CODE ‖ modelmean.pyのコード

```
def fit( self, x, y ):
  # すべてのモデルを学習させる
  for j in range( len( self.clf ) ):
    self.clf[ j ].fit( x, y )
  return self

def predict( self, x ):
  # すべてのモデルを実行する
  result = []
  for j in range( len( self.clf ) ):
    result.append( self.clf[ j ].predict( x ) )
  # すべてのモデルの平均を返す
  return np.array( result ).mean( axis=0 )
```

モデルの文字列表現は、すべてのモデルの文字列表現を改行でつなげたものを返すよう
にします。

SOURCE CODE ‖ modelmean.pyのコード

```
def __str__( self ):
  return '\n'.join( [ str( c ) for c in self.clf ] )
```

### ●NFold平均

NFold平均はCHAPTER 06で紹介したバギングアルゴリズムのさらに直接的な応用で
す。NFold平均では交差検証と同じように、学習データをいくつかのブロックに分解し、それら
のブロックごとに学習を行って異なるモデルを作成します。そして、それらのモデルの出力の
平均を最終的な結果とします。

バギングと異なっている点は、バギングが重複ありのランダムサンプルで学習データを作成
していたのに対して、NFold平均ではすべてのデータの重複のないサブサンプルを作成する
点です。

CHAPTER 06でも紹介したように、バギングでは1つひとつの機械学習アルゴリズムが
不完全であることを前提としていますが、NFold平均ではその前提が弱まります。そのため、
あらかじめ精度を最大化するように作成されたアンサンブル学習アルゴリズムに対しては、
NFold平均の方が概ね良好に動作します。

■SECTION-027 ■ モデル平均法

NFold平均は、スタッキングなど、その他の手法と組み合わせて使用することができる特徴があります。スタッキングとNFold平均の組み合わせは、データ解析コンペティションを行うKaggleというサイトで頻繁に目にすることができます。

◆ 学習と実行の実装

まず、先ほどと同じ「modelmean.py」に、「NFoldMean」クラスを作成します。NFold平均では同じアルゴリズムについて分割したデータを学習させるので、利用するモデルについて、クラスの引数で使用できるようにします。

利用するモデルをスタッキングを行う「StackingMean」とすることで、実際には複数のアンサンブル学習アルゴリズムを扱うことになります。

**SOURCE CODE** ‖ modelmean.pyのコード

```
class NFoldMean:
    def __init__( self, isregression, model=StackingMean, max_depth=5, n_trees=5 ):
        self.n_fold = 5
        self.clf = [
            model( isregression=isregression, max_depth=max_depth, n_trees=n_trees ) \
            for i in range(self.n_fold) ]
```

学習を行う「fit」関数は、次のようにデータを分割して、それぞれのデータでモデルを学習させるものになります。

**SOURCE CODE** ‖ modelmean.pyのコード

```
def fit( self, x, y ):
    # 交差検証による選択
    perm_indices = np.random.permutation( x.shape[0] )
    indices = np.array_split( perm_indices, self.n_fold )
    # 交差検証を行う
    for i in range( self.n_fold ):
        # 学習用データを分割する
        ti = list( range( self.n_fold ) )
        ti.remove( i )
        train = np.hstack( [ indices[ t ] for t in ti ] )
        test = indices[ i ]
        # すべてのモデルを検証する
        for j in range( len( self.clf ) ):
            # 分割したデータで学習
            self.clf[ j ].fit( x[ train ], y[ train ] )
    return self
```

実行を行う「predict」関数は、すべてのモデルの実行結果の平均を返すもので、先ほどの「StackingMean」クラスと同じものになります。

**CHAPTER 10** その他のアンサンブル手法

239

■ SECTION-027 ■ モデル平均法

---

**SOURCE CODE** | modelmean.pyのコード

```python
def predict( self, x ):
  # すべてのモデルを実行する
  result = []
  for j in range( len( self.clf ) ):
    result.append( self.clf[ j ].predict( x ) )
  # すべてのモデルの平均を返す
  return np.array( result ).mean( axis=0 )
```

モデルの文字列表現も先ほどと同じように、すべてのモデルの文字列表現を改行でつなげたものを返すようにします。

---

**SOURCE CODE** | modelmean.pyのコード

```python
def __str__( self ):
  return '\n'.join( [ str( c ) for c in self.clf ] )
```

### ▶ Smoothed-BIC

これまでに見てきたモデル平均法は、バギングアルゴリズムの一種として捉えることもできます。

一方で、モデル選択法におけるベイジアン情報量基準をもとに作成された**Smoothed-BIC**というアルゴリズムも提案されています[10-1]。

Smoothed-BICでは、ベイジアン情報量をもとにして、モデルを選択するのではなくモデルの出力に対する重みを計算します。つまり、ベイジアン情報量に基づく重み付き平均を、最終的な結果として利用します。

#### ◆ Smoothed-BICの学習

まず、先ほどと同じ「modelmean.py」に、「SmoothedBICMean」クラスを作成します。このクラスは「BICSelect」クラスの派生クラスとして作成し、使用する機械学習アルゴリズムについても「BICSelect」クラスから継承します。

また、クラス内の変数として、すべてのモデルに対するベイジアン情報量を保存する「self.bic_scores」という変数を作成します。

---

**SOURCE CODE** | modelmean.pyのコード

```python
class SmoothedBICMean( BICSelect ):
  def __init__( self, isregression, max_depth=5, n_trees=5 ):
    super().__init__( isregression=isregression, max_depth=max_depth, n_trees=n_trees )
    self.bic_scores = None
```

次に、学習を行う「fit」関数を作成します。ここではモデル選択法のときと同じように、交差検証を行い、すべての結果を取得します。そしてそれらの結果からベイジアン情報量を計算して、「self.bic_scores」の配列に加えていきます。

---

[10-1] S. T. Buckland, K. P. Burnham, N. H. Augustin. Model Selection: An Integral Part of Inference. Biometrics Vol. 53, No. 2 pp. 603-618. 1997. https://www.jstor.org/stable/2533961

■ SECTION-027 ■ モデル平均法

**SOURCE CODE** | modelmean.pyのコード

```python
def fit( self, x, y ):
  # 交差検証を行う
  self.bic_scores = np.zeros( ( len( self.clf ), ) )
  predicts = self.cv( x, y )
  n_fold = len( predicts ) // len( self.clf )
  # 交差検証の結果を取得
  for i in range( n_fold ):
    for j in range( len( self.clf ) ):
      # 評価スコアを尤度関数の代わりに使用する
      p = predicts.pop( 0 )
      score = self.metric( p[ 0 ], p[ 1 ] )
      # 独立変数の数として葉の総数を使用する
      n_leafs = self.get_totalleaf()
      # 罰則項を加えたスコアで計算
      self.bic_scores[ j ] += x.shape[ 0 ] * np.log( score + 1e-9 ) + \
                              n_leafs * np.log( x.shape[0] )
```

そうしておいて、最後にすべてのモデルに対して学習を行います。

**SOURCE CODE** | modelmean.pyのコード

```python
# すべてのモデルを学習させる
for j in range( len( self.clf ) ):
  self.clf[ j ].fit( x, y )
return self
```

◆ Smoothed-BICの実行

実行を行う「**predict**」関数では、Numpyの「**average**」関数を使用して、すべてのモデルの出力の重み付き平均を返します。ただし、「**average**」関数へ渡す重みとして、ベイジアン情報量のスコアから、スコアの小さい方が重みが大きくなるようにし、さらに合算が1になるように正規化した値を与えます。

**SOURCE CODE** | modelmean.pyのコード

```python
def predict( self, x ):
  # スコアは小さい方が良い値なので、最大値から引く
  scores = np.max( self.bic_scores ) - self.bic_scores
  # 合算が1になるようにする
  weights = scores / np.sum( scores )
  # すべてのモデルを実行する
  result = []
  for j in range( len( self.clf ) ):
    result.append( self.clf[ j ].predict( x ) )
  # すべてのモデルの重み付き平均を返す
  return np.average( np.array( result ), axis=0, weights=weights )
```

■ SECTION-027 ■ モデル平均法

◆ 最終的なコード

「modelmean.py」をプログラムとして実行するためのコードは、先ほどとほぼ同じものなので割愛します。

以上の内容をつなげて完成する「modelmean.py」全体は、次のようになります。

SOURCE CODE | modelmean.pyのコード

```python
import numpy as np
import support
import random
import entropy
from dstump import DecisionStump
from linear import Linear
from bagging import Bagging
from randomforest import RandomTree
from adaboost_m1 import AdaBoostM1
from adaboost_r2 import AdaBoostR2
from gradientboost import GradientBoost
from modelselect import CVSelect, BICSelect

class StackingMean( CVSelect ):
  def __init__( self, isregression, max_depth=5, n_trees=5 ):
    super().__init__( isregression=isregression, max_depth=max_depth, n_trees=n_trees )

  def fit( self, x, y ):
    # すべてのモデルを学習させる
    for j in range( len( self.clf ) ):
      self.clf[ j ].fit( x, y )
    return self

  def predict( self, x ):
    # すべてのモデルを実行する
    result = []
    for j in range( len( self.clf ) ):
      result.append( self.clf[ j ].predict( x ) )
    # すべてのモデルの平均を返す
    return np.array( result ).mean( axis=0 )

  def __str__( self ):
    return '\n'.join( [ str( c ) for c in self.clf ] )


class NFoldMean:
  def __init__( self, isregression, model=StackingMean, max_depth=5, n_trees=5 ):
    self.n_fold = 5
    self.clf = [
      model( isregression=isregression, max_depth=max_depth, n_trees=n_trees ) \
```

▼

242

■ SECTION-027 ■ モデル平均法

```python
                for i in range(self.n_fold) ]

    def fit( self, x, y ):
        # 交差検証による選択
        perm_indexs = np.random.permutation( x.shape[0] )
        indexs = np.array_split( perm_indexs, self.n_fold )
        # 交差検証を行う
        for i in range( self.n_fold ):
            # 学習用データを分割する
            ti = list( range( self.n_fold ) )
            ti.remove( i )
            train = np.hstack( [ indexs[ t ] for t in ti ] )
            test = indexs[ i ]
            # すべてのモデルを検証する
            for j in range( len( self.clf ) ):
                # 分割したデータで学習
                self.clf[ j ].fit( x[ train ], y[ train ] )
        return self

    def predict( self, x ):
        # すべてのモデルを実行する
        result = []
        for j in range( len( self.clf ) ):
            result.append( self.clf[ j ].predict( x ) )
        # すべてのモデルの平均を返す
        return np.array( result ).mean( axis=0 )

    def __str__( self ):
        return '\n'.join( [ str( c ) for c in self.clf ] )


class SmoothedBICMean( BICSelect ):
    def __init__( self, isregression, max_depth=5, n_trees=5 ):
        super().__init__( isregression=isregression, max_depth=max_depth, n_trees=n_trees )
        self.bic_scores = None

    def fit( self, x, y ):
        # 交差検証を行う
        self.bic_scores = np.zeros( ( len( self.clf ), ) )
        predicts = self.cv( x, y )
        n_fold = len( predicts ) // len( self.clf )
        # 交差検証の結果を取得
        for i in range( n_fold ):
            for j in range( len( self.clf ) ):
                # 評価スコアを尤度関数の代わりに使用する
                p = predicts.pop( 0 )
                score = self.metric( p[ 0 ], p[ 1 ] )
```

243

■SECTION-027 ■ モデル平均法

```python
      # 独立変数の数として葉の総数を使用する
      n_leafs = self.get_totalleaf()
      # 罰則項を加えたスコアで計算
      self.bic_scores[ j ] += x.shape[ 0 ] * np.log( score + 1e-9 ) + \
                              n_leafs * np.log( x.shape[0] )
    # すべてのモデルを学習させる
    for j in range( len( self.clf ) ):
      self.clf[ j ].fit( x, y )
    return self


  def predict( self, x ):
    # スコアは小さい方が良い値なので、最大値から引く
    scores = np.max( self.bic_scores ) - self.bic_scores
    # 合算が1になるようにする
    weights = scores / np.sum( scores )
    # すべてのモデルを実行する
    result = []
    for j in range( len( self.clf ) ):
      result.append( self.clf[ j ].predict( x ) )
    # すべてのモデルの重み付き平均を返す
    return np.average( np.array( result ), axis=0, weights=weights )


if __name__ == '__main__':
  random.seed( 1 )
  np.random.seed( 1 )
  import pandas as pd
  ps = support.get_base_args()
  ps.add_argument( '--trees', '-t', type=int, default=5, help='Num of Tree' )
  ps.add_argument( '--depth', '-d', type=int, default=5, help='Max Tree Depth' )
  ps.add_argument( '--method', '-m', default='stacking', \
                   help='Use Method (stacking / nfold / bic)' )
  args = ps.parse_args()

  df = pd.read_csv( args.input, sep=args.separator, header=args.header, index_col=args.indexcol )
  x = df[ df.columns[ :-1 ] ].values

  if args.method == 'stacking':
    plf = StackingMean( isregression=args.regression )
  elif args.method == 'nfold':
    plf = NFoldMean( isregression=args.regression )
  elif args.method == 'bic':
    plf = SmoothedBICMean( isregression=args.regression )

  if not args.regression:
    y, clz = support.clz_to_prob( df[ df.columns[ -1 ] ] )
    support.report_classifier( plf, x, y, clz, args.crossvalidate )
```

■ SECTION-027 ■ モデル平均法

```
else:
    y = df[ df.columns[ -1 ] ].values.reshape( ( -1, 1 ) )
    support.report_regressor( plf, x, y, args.crossvalidate )
```

▼

### ◆学習と実行の結果

これまでの章と同じようにCHAPTER 01でダウンロードした検証用のデータセットに対して、モデル平均法を実行します。

| target | function | モデル平均法 | | |
|---|---|---|---|---|
| | | Stacking | Nfold | Smoothed-BIC |
| iris | F1Score | 0.93362 | 0.91724 | 0.94657 |
| | Accuracy | 0.93333 | 0.92000 | 0.94667 |
| sonar | F1Score | 0.79332 | 0.70906 | 0.89610 |
| | Accuracy | 0.79327 | 0.70673 | 0.89904 |
| glass | F1Score | 0.60234 | 0.60110 | 0.66419 |
| | Accuracy | 0.63551 | 0.62150 | 0.70094 |
| airfoil | R2Score | 0.80801 | 0.80424 | 0.80995 |
| | MeanSquared | 9.0017 | 9.1593 | 8.9405 |
| winequality-red | R2Score | 0.39018 | 0.38562 | 0.42869 |
| | MeanSquared | 0.39304 | 0.39594 | 0.36798 |
| winequality-white | R2Score | 0.37304 | 0.37094 | 0.39491 |
| | MeanSquared | 0.19015 | 0.19202 | 0.47371 |

クラス分類、回帰両方において、Smoothed-BICによる重み付き平均が良い結果をもたらしていることがわかります。また、データ解析コンペティションでよく見かけるスタッキングとNFold平均の組み合わせは、必ずしもすべての場合に有効ではないことがわかります。

# INDEX

## A

Accuracy ............................................ 21
AdaBoost ............ 158,160,166,174
AdaBoost.M1 ........................... 15,174
AdaBoost.MRT ................................ 181
AdaBoost.R2 ................... 15,181,188
AdaBoost.RT .................................... 181
Adam ............................................... 208
Airfoil Self-Noise ........................... 25
apt .................................................... 36

## B

BIC ................................................... 227

## C

CatBoost .......................................... 15
Connectionist Bench ...................... 25
Critical Value ................................. 116

## D

DecisionStump ................................. 88

## E

EarlyStopping .................................. 69

## F

F1スコア ........................................... 21

## G

Gini impurity .......................... 84,150
Glass ................................................. 25

## I

Information gain ........................... 150
Iris ................................................... 25

## K

K-近傍法 .......................................... 47

## L

L1正則化 ........................................ 208
L2正則化 ........................................ 208
LightGBM ................................. 15,208

## M

Mean Absolute Error ..................... 23

## M

Mean Squared Error ..................... 23
Mean Squared Log Error ............. 23
Metrics関数 ............................... 83,150
MomentumSGD ........................... 208

## N

NFold平均 ...................................... 238
numpy .............................................. 36

## P

pandas ............................................. 36
pip ................................................... 36
pip3 ................................................. 36
Precision ......................................... 21
python ............................................. 35
Python ............................................. 34
python3 ........................................... 35

## R

Recall .............................................. 21
Reduce Error ................................ 111

## S

scikir-learn ..................................... 36
Scikit-learn .................................... 47
Smoothed-BIC ............................... 240

## W

Wine Quality .................................. 25

## Z

ZeroRule .......................................... 56

## あ行

アウトライア検出 .............................. 12
アンサンブル学習 ....................... 12,14
運動量 ............................................. 208
エージェント ..................................... 12
枝 ...................................................... 80
枝刈り .............................................. 110
エポック ............................................ 70
エントロピー ....................................... 86
オプション引数 ................................. 40
重み ................................................. 148
重み付き決定木 ............................. 152

246

# INDEX

## か行

| | |
|---|---|
| 回帰 | 17,181 |
| 回帰分析 | 12 |
| 開発環境 | 34 |
| ガウス過程 | 47 |
| 下界 | 190 |
| 過学習 | 19 |
| 環境モデル | 12 |
| 機械学習 | 12 |
| 機械学習アルゴリズム | 12 |
| 機械学習プログラミング | 17 |
| 強化学習 | 12 |
| 教師あり学習 | 12 |
| 教師なし学習 | 12 |
| クラスタリング | 12 |
| クラス分類 | 17 |
| 継承 | 98 |
| ゲーティング | 225 |
| 決定木アルゴリズム | 13,16,80,98 |
| 貢献度 | 159 |
| 交差検証 | 24 |
| 行動 | 12 |
| 勾配 | 64 |
| 勾配降下法 | 62,200 |
| 勾配ブースティング | 15,200 |

## さ行

| | |
|---|---|
| 再帰 | 98 |
| 再現率 | 21 |
| 最小二乗法 | 12 |
| 差分の絶対値の平均値 | 23 |
| 差分の対数二乗平均値 | 23 |
| 差分の二乗平均値 | 23 |
| サポートベクターマシン | 13,47 |
| ジニ不純物 | 84 |
| スタッキング | 14,237 |
| 正解率 | 21 |
| 正規化 | 68 |
| 正則化 | 208,211 |
| 説明変数 | 17 |
| 線形回帰 | 61 |
| 損失 | 161,188 |

## た行

| | |
|---|---|
| 多数決 | 237 |
| 多層パーセプトロン | 47 |
| データセット | 25 |
| データマイニング | 12 |
| 適合率 | 21 |

| | |
|---|---|
| テキストエディター | 36 |

## な行

| | |
|---|---|
| 二分木 | 80 |
| ニューラルネットワーク | 13 |
| 根 | 80 |
| ノード | 80 |

## は行

| | |
|---|---|
| 葉 | 80 |
| バイナリツリー | 80 |
| バギング | 14,132 |
| バケットモデル | 222 |
| 罰則項 | 208 |
| 汎化誤差 | 19,132 |
| 評価関数 | 41 |
| 評価スコア | 16,21,22 |
| 標準偏差 | 83 |
| ブースティング | 14,158 |
| プルーニング | 110 |
| 分割 | 81 |
| ベイジアン情報量基準による選択法 | 227 |
| ベンチマーク | 16,47 |

## ま行

| | |
|---|---|
| 目的変数 | 17,38,39 |
| モデル平均法 | 237 |

## や行

| | |
|---|---|
| 尤度関数 | 227 |

## ら行

| | |
|---|---|
| ランダムフォレスト | 15 |
| ルールなし | 56 |

■著者紹介

坂本 俊之(さかもと としゆき)　機械学習エンジニア・兼・AIコンサルタント
現在はAIを使用した業務改善コンサルティングや、AIシステムの設計・実装支援などを行う。
E-Mail: tanrei@nama.ne.jp

編集担当：吉成明久 / カバーデザイン：秋田勘助（オフィス・エドモント）
イラスト：©Marina Strizhak - stock.foto

●特典がいっぱいのWeb読者アンケートのお知らせ

C&R研究所ではWeb読者アンケートを実施しています。アンケートにお答えいただいた方の中から、抽選でステキなプレゼントが当たります。詳しくは次のURLのトップページ左下のWeb読者アンケート専用バナーをクリックし、アンケートページをご覧ください。

C&R研究所のホームページ　http://www.c-r.com/
携帯電話からのご応募は、右のQRコードをご利用ください。

## 作ってわかる！アンサンブル学習アルゴリズム入門

2019年6月3日　初版発行

| 著　　者 | 坂本俊之 |
| --- | --- |
| 発行者 | 池田武人 |
| 発行所 | 株式会社 シーアンドアール研究所<br>新潟県新潟市北区西名目所 4083-6（〒950-3122）<br>電話 025-259-4293　　FAX 025-258-2801 |
| 印刷所 | 株式会社 ルナテック |

ISBN978-4-86354-280-8　C3055
©Sakamoto Toshiyuki, 2019　　　　　　　　　　Printed in Japan

本書の一部または全部を著作権法で定める範囲を越えて、株式会社シーアンドアール研究所に無断で複写、複製、転載、データ化、テープ化することを禁じます。

落丁・乱丁が万一ございました場合には、お取り替えいたします。弊社までご連絡ください。